環境問題はなぜウソがまかり通るのか

The Lie of an Environmental Problem

武田邦彦
Kunihiko Takeda

Yosensha Paperbacks
YP
024

■Introduction
環境問題が人をだます時

「地球環境をこれ以上悪化させたくない、子孫のために改善していきたい」という願いは今や地球全体で誰にとっても疑いなく共有されうる前提として話が進んでいる。これに反対したり、異説を唱えたりすることは変わり者だと思われたり、白い目で見られたりするため、非常に難しい状況になっている。

しかし、こうした地球にやさしいはずの環境活動が錦の御旗と化し、科学的な議論を斥け、合理的な判断を妨げているとしたらどうだろうか。環境活動という大義名分の下に、人々を欺き、むしろ環境を悪化させているとしたら——。

ある企業は、プリンターの使用済みインクカートリッジの回収率を向上させることで環境活動をより一層推進するという。そして、そのことで資源を有効活用し、廃棄物を減少させ、地球環境の保全を図ることができるという。

しかし、この企業は使用済みインクカートリッジにインクを詰め替えて販売する再生品メーカーを相手取り、訴訟を起こしている。

わざわざ使用済みカートリッジを回収して壊し、新品をつくり直す必要があるのだろうか。その際に使われる資源コストは環境活動に逆行するものではないのか、これがリサイクルの実態なのか、という素朴な疑問は一般の人々にも今急速に湧き起こっている。

しかし、こうした疑問が表面化する問題はまだいい。もっと巧妙に隠されている偽装が世間にはあるからだ。

*

2005年末から2006年にかけてマンションやホテルの耐震強度偽装が大きな社会問題になった。この事件からわかったのは、一級建築士ともあろう者がお金のために仕事の生命線である設計を偽装したということ、それを見抜くべき指定確認検査機関の評価も機能していなかったこと、それを信じた庶民は泣き寝入りしなければならないずさんな法律だったことである

一級建築士が積極的偽装なら、国土交通省は消極的偽装なのだろう。どちらにしても庶民だけが被害を蒙る。

しかし、現在の日本では白昼堂々、いくらでもこうした偽装や世論操作が行われている。それも政府や専門家、メディア関係者のような「事実を誠実に伝えるべき人たち」が加担している。

それをこの本では、「故意の誤報」と呼んだ。つまり、当人

たちは本当のことを知っているのに「お金(補助金)を貰うため」「自分が有利な立場を維持するため」に事実と異なることを語る。こうした傾向は環境問題で特に顕著に見られる。

「そんなことをわざわざ指摘しなくてもいいじゃないですか、先生も損をしますよ」とよく言われるが、日本は本来もっと誠実な国だった。そして、これからも持続的な繁栄をするためにも国としての誠実さこそが日本を救う。だから、まず私自身が誠実でなければならないのだ。

そんな思いでこの本を執筆した。読者の方にとっては驚く内容が多いと思うが、事実を知ることはいつの世でも大切である。

あなたが今、協力しているごみの分別や電気をこまめに消すなどという環境にやさしいはずの活動が、日本の環境を逆に汚しているとしたら、どうだろうか。良かれと思ってやっていることが実は反対になり、その犠牲になるのは我々の子供たちだとしたら——。

こうした様々な環境運動のウソに取り込まれ、だまされてしまうのは「故意の誤報」が私たちの身の回りにあまりにも多く溢れているからだ。

「事実を知る」、それがまず第一歩だ。

武田邦彦

環境問題はなぜウソがまかり通るのか［目次］

第1章

資源7倍、ごみ7倍になるリサイクル

ペットボトルのリサイクルで環境を汚している

環境問題にまつわるさまざまなウソを取りあげていくが、まずはペットボトルのリサイクルから話を進めよう。

読者の多くはペットボトルを毎日のように分別しているだろうし、分別するのは面倒だからしていないという人も「環境が大切だから、本当はペットボトルを分別しなければならない」と後ろめたく思っていることが多い。

しかし、本当は逆なのである。事実から示していきたい。

ペットボトルのリサイクルを始めた平成5年（1993年）から平成16年（2004年）までのペットボトルの消費量、回収量、再利用量を図表1-1に示した。黒丸を結んだ一番上の線は「ペットボトルがどのぐらい売れたか」という販売量の実績である。ペットボトルの消費量と言ってもいい。

ペットボトルの販売量を示す線と、ペットボトルの分別回収量を示す線は平行になっており、両方とも増え続けている。これが意味するところは次のようなことだ。

平成5年にペットボトルは12万トン販売された。当時はほとんど分別回収が行われていなかったので、この12万トンはそのままごみになっていた。そして分別回収が進んできた平成8年になると、販売量は18万トンで回収量は0.5万トンとなった。しかし、回収されたペットボトルはまだ利用されていなかったので、ごみは6万トン増えた。

図表1-1　ペットボトルの消費量と回収量、再利用量の変化

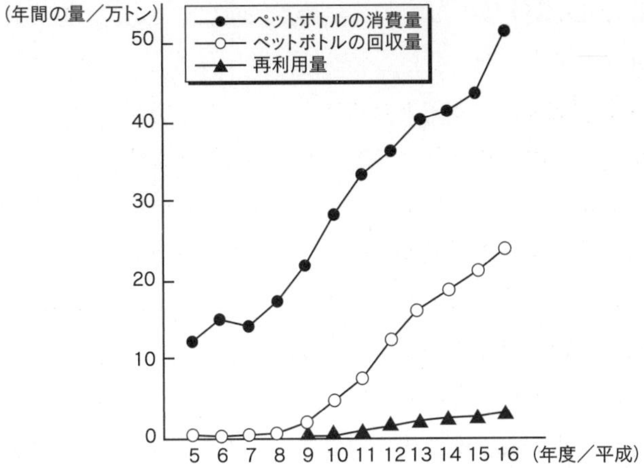

出所:PETボトルリサイクル推進協議会、
PETボトルの生産量及びリサイクル状況

それから、「分別回収量が増える」につれて「販売量もウナギ登りに増える」結果となった。図表1-1からも、ペットボトルの分別回収が進むと販売量、つまり消費量が増えたことがわかる。これが「平行線」の意味である。

確か、リサイクルをしようということになったのは、「大量消費はもう止めよう！」ということからではなかったか。

それなのに、ペットボトルの分別回収が進むと消費量も上がり、その上がり方も半端ではない。1年間に販売されるペットボトルは12万トンから50万トンを越えるまでになった。国民一人当たりで言えば、500mℓペットボトル換算で8日に1本の割合で使っていたペットボトルを2日に1本の割合で使うように

なったのだ。

分別回収は大量生産、大量消費を加速している。

どうしてこんなことになったのだろう。

ペットボトルは大変に便利だが、同時にものすごく「かさばる」。分別して10本もごみ袋に入れたらもう一杯になる。だから、ペットボトルを廃棄物貯蔵所に持ち込んだらたちまち貯蔵所は満杯になって、捨てる場所がなくなり、日本の環境は破壊されるとみんなが思った。だから分別回収してもう一度、使おうということになったはずである。

つまり、リサイクルすればペットボトルの販売量は減るはずだった。それなのに逆に販売量は4倍に増えている。予想や常識とは異なっているが、あなたがペットボトルを分別すればするほど、日本の大量消費を後押ししていることになる。

分別回収した方がごみが増える？

次に、ごみはどうなったのだろうか。

黒丸の線がペットボトルの消費量で、白丸の線が分別回収量なので、その差が家庭や事務所から「ペットボトルの形をしたまま捨てられたごみ」である。そのごみはリサイクルが始まった当初、平成5年は消費量12万トンだったが、平成16年はペットボトルの消費量が51万トンで、分別回収量が24万トンだ。差し引き27万トンがごみとして捨てられている。

分別回収するとごみが倍になった！

なんということだろうか。平成5年まではごみの分別などしなくて良かった。それを「分別すると大量消費が止まり、ごみも減る」というから苦労してごみを分別して出すようになった。それなのに、大量消費をさらに拡大し、ごみも増えるというならば分別はなんのためにやっているのか。

実は、ペットボトルの分別回収が始まろうとしていた頃、日本の環境団体はペットボトルのリサイクルに反対していたのである。今では環境を守るためのトップバッターのように言われているリサイクルだが、最初は「環境に悪い」と信じられていた。

「あいちごみ仲間ネットワーク会議」というごみ問題の団体がある。その代表である岩月宏子さんが、次のように発言している。

「(小さなペットボトルが販売されると）小さくて気軽に飲むようになり、量が増えると、それだけ回収しにくくなる。空き缶みたいな感覚で、道路に捨ててしまう人もいるだろう。大量投棄に拍車をかける」

実に的確な予想だった。さすが環境に関心のある人だけに正しい見方をしていた。

また、「ペットボトルをやめさせる会」という会もあり、その事務局は「ペットボトルの回収が始まると、自治体が負担する年間の回収費が清涼飲料関係だけで563億円になる」と試算して反対していた。これも正しい。

ペットボトルの分別回収をすると、逆に大量消費を進めることになるし、おまけにお金も余計にかかると予想していたのである。さすがは環境団体である。普通の人がまだ環境のことを真剣に考えていない時に鋭い指摘をしている。そして、事実もその通りになった。

もちろん、ペットボトルを製造したり販売したりする方は商売に関わるから、反撃に出た。

大新聞が変えたリサイクルへの流れ

容器包装（ガラス製容器、ペットボトル等）の製造事業者などへのリサイクル義務付けを取り決めた「容器包装リサイクル法」が制定された平成7年（1995年）の翌年、東京と首都圏の自治体の代表者がペットボトルを販売している「全国清涼飲料工業会」に文句を言いに行った。

この「全国清涼飲料工業会」は国内の飲料メーカーが600社も集まっている団体だが、そこの専務理事は「そんなことを言ったって、私たちは消費者が買うから売るだけだ。会員に売るのを止めろと言うわけにもいかないし、国際的な関係もある」と突っぱねた。

相前後して、飲料メーカーに強力な助っ人が現れていた。ペットボトルのメーカーにとってはさしずめ救世主といったところだろう。それは朝日新聞だった。1994年10月24日の社説は「ゴミの世界が大きく変わる」というタイトルでこう言っている。

「（ペットボトルのリサイクルは、）私たちの暮らしから自治体のゴミ収集、企業の生産まで、幅広く影響が及ぶ。しかし、深刻なゴミ問題を乗り切るため、みんなが新たな役割を担う時代になった、と考えよう。

包装・容器類は、家庭から出るゴミのうち、容積で約6割、重さで約3割を占め、その割合は高まる一方だ。使い捨てが増え、こうした資源ゴミのリサイクル率は、まだ約3%に過ぎない。資源を有効に利用し、ゴミを減らすために、厚生省の新方針は支持できる」

つまり日本社会がペットボトルを扱いかねていた時、「リサイクルすれば良いじゃないか」という「解決策」の音頭を朝日新聞の社説がとったのである。いつも、マスコミはこのようなタイミングで登場する。しかし、厚生省がどういう狙いでリサイクル政策を打ち出してきたか、この記事を書いた人はおそらくわかっていただろうが、そこにはあえて触れなかったのだ。

この記事を読んで庶民は賛同し、国のお金を狙っている人たちはほくそえんだ。

こうして、日本社会の流れは決定的になり、そこから「リサイクル社会」へ一直線に突入する。果たしてこの社説が言うように、リサイクルは「資源を有効に使用し、ごみを減らすため」に役立ったのだろうか。

ペットボトルの販売量は飛躍的に増えたが、再利用は増えていない

再び、先ほどの図表1-1を見てみよう。

まず第一に、ペットボトルのリサイクルは大量消費をさらに加速した。これは消費量の増加でハッキリわかる。

環境団体が言っていたようにリサイクルするということでみんなが安心してしまう。なにしろ消費者にとっては「リサイクル」も「ポイ捨て」も同じなのである。飲み終わったペットボトルをごみ箱に入れればポイ捨て、その隣にある「リサイクル回収箱」に入れさえすればリサイクルだから、苦労はない。

リサイクルするといっても一人ひとりが自分自身でリサイクルするわけではない。誰かがやってくれる。

だから、みんなごみの心配もなくなってペットボトルを気軽に使い出し、その販売量は4倍に増えた。

では、資源は「有効に利用」されたのだろうか。

図表1-1の一番下に這うような黒三角の線があるが、これが材料として再利用されたペットボトルの量である。まったく再利用されていないというわけではないが、法律をつくり、みんなに強制したのに3万トンぐらいしか再利用されていない。

実に少ない。

ペットボトルの販売量が51万トンなのに、再利用が3万トンである。リサイクルする前の販売量が12万トンだから、リサイクル開始後に増えたペットボトルが約40万トン、再利用はたったの3万トンだ。実にバカらしい。

それでも公的な機関は「リサイクルしています」「日本はリサイクルの優等生です」と公言している。これには実は理由がある。

回収され、一定量（ベール）に結束されたペットボトル
（江東区リサイクルパークで）。

後で詳しく説明するが、リサイクルをしていると言うとお金が貰える。そこで消費量もごみも本当は増えているのに「リサイクルして資源を節約し、ごみも減っています」とウソを言っている。

つまり、ペットボトルのリサイクルは、(1) 資源を節約し、(2) ごみを減らし、(3) 資源をもう一度使う、と喧伝されてきたが、事実は、(1) 資源を7倍使い、(2) ごみが7倍増え、(3) 資源はほとんど再利用されていない、というのが実態なのである。

リサイクルするにも資源を使う

何万トンという単位では少しわかりにくいので、ペットボトルの本数で整理してみると次のようになる。

昔は、12本のペットボトルを使って12本を捨てていた。リサイクルが始まったので安心して51本のペットボトルを使うようになり、そのうち24本を分別回収して、27本を捨てた。回収した24本のボトルのうち3本を再利用して、残りは再生工場から焼却したり捨てたりしている。だから、捨てた量は全部で48本になった。

実にバカらしい。

しかし、社会にはいろいろな人が生活している。これだけ事実がハッキリしていても、ペットボトルを分別するのが好きな人もいるだろうし、主義主張を持っている人もいる。だから、51本のうち、3本でも資源として使えれば良いじゃないかという意見もある。

しかし、そうではない。3本再利用するのにどのくらいの資源を消費し、ごみを出しているのだろうか。

ごみの量もキチンと計算してみよう。

まず第一に「ペットボトルの形をしたごみ」に注目する。平成5年には販売されていたペットボトルのほぼ全部がごみになっていたから、ごみは12万トンで、すべて「ペットボトルの形をしたごみ」であった。それが平成16年にはリサイクルが進

図表1-2　全ごみ量とペットボトルのごみの量

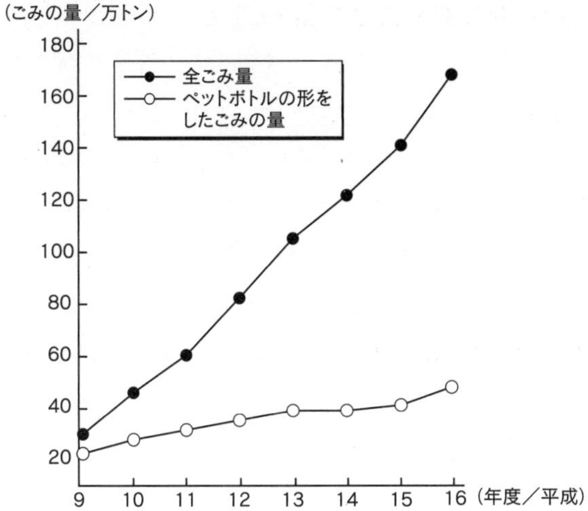

み、一般家庭から出るごみは27万トンに増えた。それだけではなく分別回収したペットボトル24万トンのうち、3万トンしか再利用されなかったので、21万トンはペットボトルリサイクル施設からごみとして出された。

だから結局、家庭からの27万トンとリサイクル施設からの21万トンを合わせると、「ペットボトルの形をしたごみ」は48万トンになった。

ペットボトルの形をしたごみはリサイクルによって4倍に増えた。

それだけではない。

ペットボトルをリサイクルするには、家庭で分別してごみを集め、トラックで運搬し、ペットボトル以外のものを取り除き、蓋を取り、ラベルを外し、洗浄し、「ベール」というまとめた形にして一時的に貯蔵し、それからリサイクル工場に運搬する。

このようにリサイクルするといっても神様がしてくれるわけではない。人間がするのだからトラックの燃料も使うし、処理するにはベルトコンベアーや電気も必要である。分別回収には箱やトラック、そして処理設備もなくてはならない。それもこれもすべて、年を経れば入れ替えなければならない。

あれやこれやで、当たり前のことだが「リサイクルするにも資源を使う」のだ。

そこでペットボトルをリサイクルするのに、毎年どのぐらいの資源を使っているかを計算してみた。

ペットボトルをリサイクルすることで、資源を7倍使っている

1本のペットボトルをつくるのには、その倍の量の石油を使う。だから12万トンのペットボトルをつくるためには24万トンの石油が必要となる。

リサイクルをしなければ全部捨てることになるが、その際に運搬や施設などに2万トンの石油を使うので、リサイクルをしていなかった平成5年には12万トンのペットボトルのために全部で26万トンの石油を使っていたと概算できる。

ところが、1本のペットボトルをリサイクルするためには、3.5

倍の石油を使う。だから平成16年にはペットボトルを51万トンつくっているが、つくるのに102万トンの石油を使い、24万トンを分別回収してリサイクルしようとしているので、そこで24万トンの3.5倍の84万トンの石油を使う。残りの27万トンは捨てられているから、運搬や施設などに2万トンの石油を使う。総計、188万トンの石油を使った。

少し数字がゴチャゴチャしてきたが、リサイクルをする前に使っていた石油が26万トン、リサイクルをするようになって使った石油が約200万トンである。そして再利用できたペットボトルは3万トンである。

「物」というのはこの世から完全に消滅することはないので、リサイクルに使った200万トンは最終的にはごみになる。ごみの形はさまざまだが廃棄物になるのは確かである。

つまり、ペットボトルをリサイクルするようになり、平成5年から16年にかけて資源（石油）は約7倍も使い、ペットボトルの消費量もペットボトルの形をしたごみも約4倍になり、全部のごみを計算するとおよそ7倍になった。

資源7倍、ごみ7倍！

これだけ数字がハッキリしているのだから、ペットボトルのリサイクルは環境に対して逆効果である。

一体、我々は何をやっているのだろう。どうして、こんなにはっきりと環境を汚すペットボトルのリサイクルが横行しているのだろうか。

それには巧妙なトリックがあり、そこに利権構造があるからに他ならない。リサイクルは環境のための行動ではなく、むしろ利権団体にお金を上げる行為なのだ。

欧米人と日本人で大きく異なる衛生感覚

利権の本丸に攻め入る前に、小さな疑問を片づけておきたい。スッキリと本筋だけを理解したい読者はこの項目を飛ばしても問題はない。なぜならここからしばらくは、「どうしてペットボトルのリサイクルが上手くいかないのか」という理由を整理しておくためだからである。

ヨーロッパの一部の国では、一度使ったペットボトルを工場で洗って繰り返し使うことも行われている。盲目的ヨーロッパ信奉派の人は日本でも同じようにすべきと言う。しかし、日本では到底無理だ。その理由は簡単で、日本人が清潔好きだからである。

ヨーロッパ人やアメリカ人は合理的な考え方を持っていて、繰り返し使うペットボトルの見かけが汚くなっても平気だ。極端な場合には洗っても溶けないチューインガムのようなものが入っていても「消毒してあるから大丈夫」という考え方をする。

しかし、日本人は違う。いくら消毒してあってもペットボトルが汚れているお茶を買う気はしない。これはヨーロッパ人と日本人のどちらが正しいということではない。このような感覚は国民性である。良い悪いの問題ではない。

日本のホテルには例外なくスリッパが置いてあるが、ヨーロッパやアメリカのホテルには例外なくスリッパがない。
ヨーロッパ人は、ホテルで風呂に入ったらベッドに行くまで靴を履くのだろうか。そんなことはないだろうと思うが、スリッパがなければ履くものは靴しかない。裸足で靴を履くのは嫌だし、まして風呂に入ったばかりなのに、半分濡れた足を靴に突っ込む気は起こらない。どうしているのだろうか。
ある時、外国人の女性に、「ホテルでお風呂に入ってベッドに行くまでにどうしているの？」と訊いてみた。「なんで、そんなことを訊くの？」と言うから訳を話した。すると次のような答えが返ってきた。
「何言っているの。裸足で歩くわよ。だって、足の裏にばい菌がついても膝まで上がってこないじゃない！」
確かに言われてみればそうである。足の裏が汚れてもその汚れが上まで上がってくることはないだろう。そう言えば、昔、アメリカの映画を観ていたら、女優が石鹸の泡を体中に付けたままでお風呂から上がり、バスタオルで泡を拭いていた。一緒の男性は靴を履いたままベッドでひっくり返っていた。
彼らは我々と感覚が違うのである。我々は風呂から出る時には石鹸は綺麗に洗い落とす。少しでも体に石鹸の泡が付いていたら何となく気持ちが悪い。また、足の裏が汚くなるのは全身が汚れるのと同じである。だから日本人はペットボトルを何回も使うことはできない。家族や友達が使ったのなら良いが、見ず知らずの人が飲んだペットボトルをいくら消毒しているからといってもそのまま再利用することは気持ちが悪い。それなら飲まない方が良い。それが日本人の感覚である。

ペットボトルを原料に戻すためにも石油を使う

ところで、ビール瓶が繰り返し使えるのにペットボトルが使えないのはなぜかというと、ビール瓶はガラスでできているが、ペットボトルはプラスチックでできているという簡単な理由による。誰でも知っているようにガラスは硬く、プラスチックは柔らかい。ガラスは傷が付かないが、プラスチックはすぐ傷が付く。もしプラスチックが硬くて傷が付かなければ自動車メーカーは車の窓をプラスチックにするだろう。

だからペットボトルもすぐ傷が付いて汚くなる。見かけが汚くなるだけではなく、傷というのは小さな溝だから、そこに異物が詰まってしまえば取れない。つまり、衛生的ではないのである。

さらにプラスチックは化学的に反応しやすい。砂糖の入った飲料をペットボトルに入れるとペットボトルの材料と砂糖が反応して新しい化合物ができる。これも厄介だし、ペットボトルにはいろいろなものが入るので何が反応して何ができるかもわからない。だから衛生的に危険である。

もう一つ、ガラスは熱に強いがプラスチックは弱い。ガラスは油にも水にも溶けないが、ペットボトルは油に溶ける。だから厄介なことには、消毒するには薬品を使うのではなく熱湯で消毒した方が良いのだが、ペットボトルに熱湯を入れると形が変わってしまう。

そこで、結局、ペットボトルを回収してもそのままでは使えないので、最初の原料に戻して全部やり直すことになり、それをペットボトルのメーカーが試みた。

その工場を山口県に建設したが、うまくいかずに今は動いていない。全国で使ったペットボトルを山口県に運ぼうとしても軽くてかさばるので運ぶのに膨大な石油を使う。さらに原料に戻すためにも石油を使い、それでも集めたペットボトルの一部しか元には戻らない。

2006年3月に「よのペットボトルリサイクル」(三重県)という会社が民事再生法の適用を申請した。つまり潰れたのである。

その会社の社長はコメントで「結局、リサイクルには手間がかかります。その上、リサイクル品はあくまでリサイクル品であり、資源ごみのペットボトルから元の透明のペットボトルが作れるわけではありません。(『日経ビジネス』2006年9月25日号)」とおっしゃっているが、この社長は被害者である。分離工学や材料工学によってそれはリサイクルを始めた時点からすでにわかっていたことだ。専門家が損得を考えずに正しい情報を社会に流すべきだったのだ。

つまりペットボトルは繰り返し使えないのだ。ペットボトルは人間がつくったものだけれど、元を辿れば自然のもの(石油)である。自然のものに「こうしろ」と言ってもその通りにはならない。自然には自然の摂理がある。

日本はリサイクルの優等生だというウソ

現代は科学が進歩したために段々と人間が傲慢になった。特に技術信仰が強い日本では、何でも望むとおりにできると錯覚している面がある。「ペットボトルを捨てるなど何とムダなことをするのだ！」「もったいないから回収して再利用すべき」と考えた。

しかし、人間は「自然」に対して命令できるほど偉くはない。木の葉が秋になると枯れて落ちるように、枯葉と同じ「高分子」という材料でできているペットボトルも一度使えば劣化していく。

ところが、容器包装リサイクル法のような自然現象に反する法律をつくってしまった。そしてペットボトルのリサイクルによってお金を貰う人も出てきた。そうなると事態は複雑化する。最初は「環境を守る」という理想に燃えていても、現実にそれが生活になると「環境は徐々にどうでもよくなり、ともかくお金がほしい」となってくる。

そこで法律の範囲内でデータを提示し、国民をトリックにかけるようになっている。図表1-3を見てほしい。ペットボトルリサイクルの「国際比較」を行っている。

このグラフを見て多くの人が騙される。

どう見ても、アメリカやヨーロッパに比べて日本は断然、ペットボトルの分別回収率が高い。日本の回収率は10%から60

図表1-3　ペットボトルリサイクルの国際比較

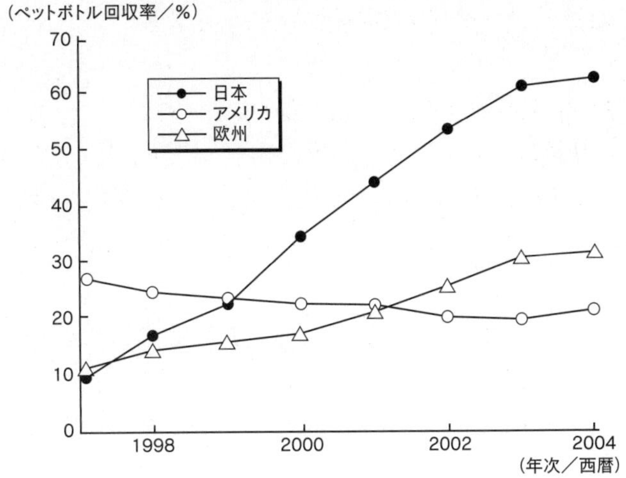

出所:PETボトル推進協議会、PETボトルリサイクル年次報告書2005年度版

%に上昇している。アメリカは最初のうち30%ぐらいだったが今は20%に下がっている。また日本では「ヨーロッパはリサイクル社会」と勘違いしている人が多いが、ヨーロッパは日本と同じように10%ぐらいから始まったが、今でも30%ぐらいに止まっている。

このグラフを示して「日本はリサイクルの優等生」などと言っている人もいるが、まったくの勘違いである。国際比較だから同じ基準で比較していると思うのが当然だが、実は違う。

実際には世界で日本だけが「焼却してもリサイクル」としているから日本のリサイクル率が高く見えるだけなのである。分

収集されたペットボトルは手選別で異物が取り除かれる。
写真はペットボトルのラベルをはがす作業。

別回収したペットボトルやプラスチック・トレーは焼却してもリサイクルに分類されると私が説明すると「そんなことがあるのですか！」と驚く人が多い。

実に恥ずかしいことである。

「誠」をもって世界から尊敬を受けていた日本人だったが、すっかりその根拠を失いつつある。リサイクルを始める時には、「焼却するとダイオキシンが出て危険なので、焼却はできない。だからリサイクルをしなければならない」と言っておきながら、実際には「焼却もリサイクル」と言い換える。

この話をするとリサイクルを熱心にやってきた人は、一様に次のように憤慨する。
「そんなのウソでしょう！　私たちは焼却したくないために分別しているのだから。それに焼却するならペットボトルだけを分別する必要もないじゃない！」

筆者に憤慨してもらっても仕方がない。なぜなら、焼却をリサイクルに分類したのはお役所と容器包装リサイクル協会なのだから。

リサイクルとお金の流れはどういう関係にあるか

プラスチック・リサイクルをするのになぜ国民を裏切ってまで「焼却してもリサイクル」としているのかというと、それには3つの理由がある。すべて「環境」とは無関係であり、体面を取り繕ったり、金銭的な理由からである。

①リサイクルと言わないとお金が来ない。
②リサイクルをすると言って法律までつくり、国民に分別をさせているのに、今更、リサイクルはダメだったとは言えない。
③リサイクルすると言って国民に分別させて業者に渡しさえすれば、その後、捨てても「産業廃棄物」になるからお役所の責任ではない。

リサイクルだけなら簡単だが、そこにビジネスが絡んでくる

図表1-4　ペットボトルの消費量と回収量、再利用量

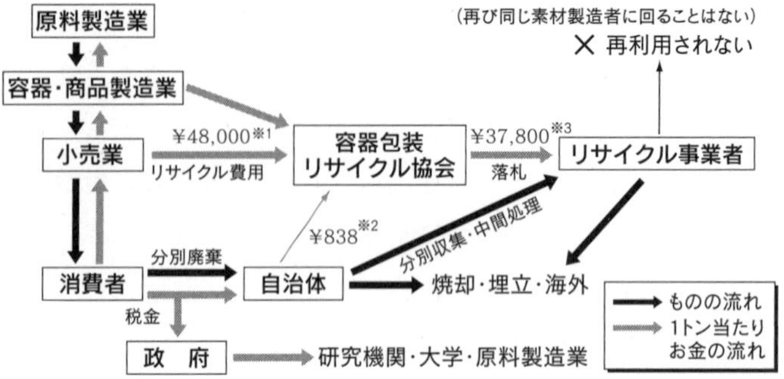

※1 第28回中央環境審議会破棄物・リサイクル部会資料「再商品化手法について」参考資料集9頁(H16年度データ)
※2 西ヶ谷信雄 月刊廃棄物30(6)(2004)pp.66-70
※3 産業構造審議会環境部会 第13回廃棄物・リサイクル小委員会 配付資料5-1容器包装リサイクル法の施行状況(H16年度データ)

と複雑になる。そこで、ペットボトルについて「回収されたもの」と「お金」の流れを図表1-4で整理してみよう。複雑な図だが、少し目を凝らして見てほしい。

図で黒い線はペットボトルという「もの」がどのように流通し、回収されているのかを示している。そして網掛けの線がリサイクルに関係する「お金」の流れである。

ペットボトルは製造され、飲料を詰めて販売されて消費者に渡る。消費者はそれを使い、リサイクルすることを信じて自治体に渡す。自治体は「リサイクルする」という業者にそのペットボトルを渡す。

実際にはペットボトルはリサイクルできないから、その多くを焼却する。しかし、リサイクルするということで業者が引き

取るので、自治体としては都合が良い。その理由は、次のようなものだ。

ごみとして引き取るとその処理は自治体の責任になるが、リサイクルするということで業者に渡せば、その後は知らないで通せる。また、業者にお金を渡すとしても、税金だから構わない。

つまり、自治体は助かり、業者は潤う一方で、国民だけが分別し、税金を払う。

また、図には示していないが、実際はあまり関係のない流通業者もリサイクルの特定分野の分担金を99%も負担させられている。「メリットのある人」と「損をする人」がこれほどはっきり一方的に分かれている例も珍しい。

我々はリサイクルのために
どのくらいのお金を取られているのか

リサイクルに支払われるお金は「リサイクル率が高い方が多く出る」ということなので、何とかして見かけ上はリサイクル率を上げておかなければならない。分別回収されたペットボトルを焼却しようが中国に売り渡そうが、そんなことは関係ない。ともかくリサイクル率の数字さえ高くしておけばお金が入る、そういうことなのである。

では、我々は何の役にも立たないリサイクルのためにどのくらいのお金を取られているのだろうか。

ペットボトルだけで計算しても面倒なので、卵のトレーとか

図表1-5　リサイクルによる費用増加と費用減少

単位:億円

対象			費用
リサイクルのための費用増加	事業者リサイクル費用	ペットボトル	84.2
		プラ容器包装	290.4
		その他	160.8
		小計	535.4
	自治体 リサイクル費用		1178.7
	合 計		1714.1
費用減少	自治体 一般ごみ処理費用削減		946.5
全体的な負担増			767.6

出所:産業構造審議会環境部会廃棄物リサイクル小委員会、第17回容器包装リサイクルワーキンググループ資料

その他の包装も含めてプラスチック容器のリサイクルで取られているお金を図表1-5にまとめた。

表の中でリサイクルを始めることによってお金の負担が増えた分は日本全体で約1700億円である。その大半は自治体が収集して選別する費用であり、それが約1200億円にもなっている。また、企業がリサイクルのために負担している費用の中でもプラスチック容器包装をリサイクルするのに約300億円がかかっている。

そして、この300億円のうちの99%を流通業者が負担しているので、流通費用がかかる。その分は製品の値段に上乗せされて反映されるので、結果的に消費者にそのまま転嫁される。だから国民は税金で取られるのと、製品の値段に上積みされて取

られるのとでダブルパンチを受ける。

一方、「負担減」はリサイクルしたので「一般廃棄物」の処理費が少なくなった分である。リサイクルしたからごみが減ったのではなく、市民が分別したものを業者に渡せば一般廃棄物という名前のごみではなくなるので、自治体としてはそのまま負担が減るだけである。

それが約950億円だ。こうして見ると、容器包装のリサイクルは差し引き700億円以上の損失になっている。

リサイクルにまつわる国民への裏切り

本来リサイクルは、資源を節約し、環境を守るものだから、ただ捨てるより会計的にも改善されるはずである。地方税も安くなるはずだ。

ところが、現実にはリサイクルすることによって余計にお金がかかる。全国でリサイクルを始めて地方税が減ったとか、自治体の財政状態が改善されたなどという話は聞いたことがない。自治体はリサイクルによって余計に負担が増えている。

さらにプラスチックは現実には日本ではごく一部しかリサイクルされていないので、それを偽装するために「焼却もリサイクル」「業者が持っていけば、そのまま捨ててもごみとしては計算しない」というような国民への裏切りとも言えることをしている。

リサイクルに携わっている人は何のために人生を送っている

のだろうか。

おそらくこんなことを続けていたら、自治体の職員も退職する時の気持ちは晴れ晴れとはしないだろう。もともと真面目な人たちである。この際、事実をそのまま直視し、国民の側に立ったリサイクルのコスト計算をやり、できるだけ早く中止して、プラスチックはまとめて集めて焼却した方が良い。

しかし、岐阜県の裏金問題、福島県、和歌山県、そして宮崎県と続く談合事件など地方公務員の不祥事が続く。また政府も教育改革や地域再生のタウンミーティング（TM）を開き、「民意を聞く」と言いながら、予め政府が用意した「やらせ質問」を出席者にさせたり、集まる人数が少ないと公務員を動員したりしている。

日本はお役所が率先して法律に背き、倫理にもとる行為をする国になってしまった。

少し脱線したついでに説明するわけではないが、家庭から出るごみは燃えにくい。台所のごみなどは水分が多くベチャベチャしているため、そのままでは燃えないのだ。たき火をした人ならわかるが、水分が多くてベチャッとしたものに火をつけるのは大変である。そして燃えるためには空間があってそこに酸素が行き渡らなければならない。だから、ごみの中にペットボトルやトレー、タイヤなどがあるとよく燃える。

あまりにも当然のことである。たき火をした経験のある人なら誰でもすぐわかる。

それを資源の再利用もしないのに「リサイクルする」と言っ

て分別してしまう。かくして燃えないものや燃えにくいものが自治体の焼却炉に行き、そこに灯油をかけて燃やすことになる。実にバカらしくはないか。

リサイクルで儲けているのは誰か

リサイクルでバカらしいのは「家電リサイクル」も同じである。昔はテレビ、冷蔵庫、洗濯機そしてエアコンを捨てる時には「粗大ごみ」として捨てていた。新しいものを買うと「ああ、結構ですよ。古いものは引き取っていきますから」と言って販売店が持って行ってくれた。当然の社会である。国民は気楽だった。

当時、粗大ごみで家電製品を捨てるとどのぐらいお金を取られたかというと、1台当たり一番安い自治体でゼロ円、高いところで1900円程度だった。平均は500円位である。もともと自治体というところはそれほど商売が上手ではないし、能率も高くはない。自治体の人がサボっているのではなく税金を使って仕事をするにはいろいろな制約があるから仕方がない。自治体の人はずいぶん頑張ってはいるが、もともと儲からない仕事をさせられているのだから辛い。

それでも平均500円でやっていた。

ところが、特定家庭用機器再商品化法、いわゆる「家電リサイクル法」が平成10年（1998年）に始まり、エアコン、テレビ、冷蔵庫、洗濯機など平均して1台当たり約3500円も支払って、引き取ってもらうようになった。一体、その差額の3000円はどこに行ったのだろうか。

イヤなのはお金だけではない。販売店がそのままでは引き取ってくれなくなった。面倒になるわ、販売店は困るわ、お金は7倍になるわと悪いことだらけだが、誰が得をしたのだろうか。なぜリサイクルすると7倍も余計に費用がかかるのだろうか。

ペットボトルのリサイクルではごみが7倍、家電リサイクルでは取られるお金が7倍に増えた。

7倍もする理由は、リサイクルすると言っても使い終わった家電製品から有用な資源などは回収できないからである。もちろんわずかな貴金属は回収しているが、ほとんどは捨てる。

そして、家電製品の材料の多くを占めるプラスチックは回収できない。回収したプラスチックは誰も使わないからだが、さらにそれを焼却してリサイクルと言い、リサイクル率の数字だけを高くしているのである。

国民は見かけのリサイクル率の数字を高くするために500円で済むところを3500円も払い、面倒な手続きをする。

家電製品というのは日本国民全員が使う。冷蔵庫にしろテレビにしろ、持っていない世帯はないと言ってもいい。しかも大抵が6年から10年経つと捨てられる。そしてリサイクル料金を「特定再商品化業者」が取るのだからこんなにおいしい話はない。

このお金の総額は約600億円とも1000億円とも言われている。

堤防上から投げ捨てられた冷蔵庫。荒川流域の河川巡視員によると、「同じ種類の家電が同じ場所に複数捨てられている場合は、だいたい業者の仕業」だという。

先ほどの容器包装リサイクルの1700億円に家電リサイクルの1000億円を加えると2700億円になる。容器包装リサイクル協会や特定再商品化業者は我々国民に深く感謝していることだろう。

国民的運動のように行っている分別回収の虚しさ

家電リサイクルも資源を有効に回収できていないが、それは

図表1-6　プラスチックの生産量と回収量

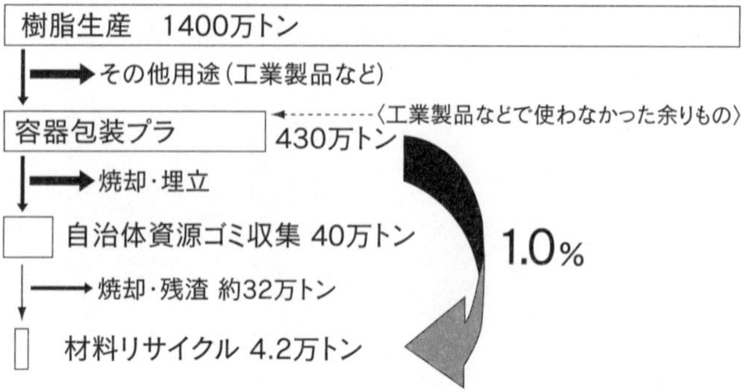

出所：①独立行政法人国立環境研究所循環型社会・廃棄物研究センター、プラスチックと容器包装のリサイクルデータ集
②社団法人プラスチック処理促進協会、プラスチック製品の生産・廃棄・再資源化・処理処分の状況2003

容器包装全体でも同じである。日本では1年に430万トンのプラスチックを容器や包装に使っているが、そのうち9割を捨てて、自治体が約1割の40万トンを回収している。

我々がせっせと、やれ「燃えるごみ」だの「燃えないごみ」だのと言って一生懸命分別しているが、回収される量は10分の1、再利用される量は実に100分の１程度に過ぎないのが実態だ。

しかし、本当は回収率が低くて国民は助かっているとも言える。

せっかく苦労して分別して、運搬し、自治体に回収されてもリサイクルされるのは僅かに4万トン強、10％にしか過ぎないのである。図表1-6にまとめたように、これは容器包装に使われているプラスチックの僅かに1％だ。

これほど国民的運動のようにやっている分別回収が、生産量に対しペットボトルでは僅かに3%、その他の容器や包装材料では1%の回収率にしか過ぎない。

こんな酷いことがあるだろうか。

例えば、道路交通法と比較してみよう。

毎日、通勤で車を運転している人を例にとってみる。自宅から仕事場まで20キロ。いつもは制限速度60キロの所を20キロオーバーの80キロで走っているが、1ヶ月に1日だけは「遵法日」と決めて60キロで通勤していたとする。ある日、不運にもパトカーに捕まって20キロオーバーの違反切符を切られそうになった。そこでこの人はこう言った。

「俺は役所と比べても法律を守っているほうさ。だって、30日に1日は制限速度を守っているんだから。法律というのは全部、守らなくてもいいんだろ？　だって、容器包装リサイクル法はお役所が1%しか守っていないという話だ。それでも捕まらないのだから」

もちろん、このような屁理屈は通らないだろう。庶民は法律を破れば罰せられ、お役所は適当に誤魔化すことができる。業者がリサイクルをすると言ったのだからと弁明すればそれで終わりである。

それならば、庶民にも何か言い訳ができる法律をつくって欲しいものである。例えば、「制限速度を守ることに努力しなければならないが、仕事の時間に間に合わなければ制限速度を守らなくてもよい」というような特例である。

約1兆円のお金がリサイクルのために使われ、直接的間接的に我々が支払っている

お金の話に踏み込んだのでついでに、リサイクルに関係して我々が取られているお金をピックアップしてみよう。

政府はリサイクルの法律をつくってしまったので、リサイクルを推進しなければならなくなった。実際にはリサイクルがうまくいっていないために、多くの税金を使ってリサイクルの技術を支援している。

例えば、平成18年（2006年）にリサイクルを推進するために直接使った国家予算は2000億円にのぼる。そのうち約半分は環境省で、約3分の1強が国土交通省、それ以外は経済産業省や農林水産省が受け持っている。

もちろんこの2000億円の予算財源というのは国民からの税収だ。つまり、実際にリサイクルを行うために必要な経費以外に、さらに国民は2000億円を払っていることになる。

プラスチックのリサイクルに1700億円、家電リサイクルに1000億円、さらにリサイクル推進のために2000億円だから、国民がリサイクルのために余分に払ったお金は1年間でトータル5000億円にもなる。

そして、この5000億円ですら少なく見積もった数字である。経済産業省でリサイクル推進のために払っている予算は一般会計からははっきりわからないし、企業でリサイクルをして余計なお金がかかった分は製品の価格に転嫁されているので、これ

も正確には判明しない。

推定だが、約1兆円強のお金がリサイクルのために使われ、我々が支払っている。「推定」になるのは、税金を使っているのに国が複雑な形で発表しているので大学でも調査がしづらいからである。

莫大な量のお金が使われ、それが広く国民から集められて一部の人の手に渡り、ごみも増えている。ペットボトルをリサイクルすればおよそ7倍のごみが出るし、家電製品をリサイクルすれば材料が回収できないから7倍のお金がかかる。それを何とかするためにさらに2000億円の税金を使うということがここ10年間も続いているのだ。

実際にリサイクルされているのかどうかを調査してみる

なぜリサイクルという名目の下にこれほどの税金が注ぎ込まれなければならないのか。

日本の国民は昔から自分たちの税金が何に使われているかということについては淡白で、「まぁ、お上が適当にやってくれているだろう」と政府を信じている。しかし、このリサイクル運動に関しては国民は少なくとも裏切られているのである。我々はすぐにでも目を覚まして、リサイクルを止めさせるべきだ。

今は、「情報公開（ディスクロージャー）」が盛んである。しかし、リサイクルに関してはなかなか情報を得ることができない。

筆者の研究室が実際にリサイクルしているかどうかを調べようとして、回収している自治体に問い合わせると、決まって次のような答えのパターンだ。

「リサイクルすると言っている業者に渡しました。それ以上は知りません」

そこで業者に調査に行くと、このようになる。

「引き取ったものをどうしようがビジネスだからこちらの勝手だ。あなた方に商売上の秘密を言うわけにはいかない」

今まで筆者の研究室が調べようとした具体的な事例を示そう。

①静岡県沼津市にある大手企業の工場が「リサイクルを進めてごみゼロを達成した」とNHKの朝7時のニュースで報道したので、そのデータを調べようとしたら拒否された。NHKも現地を取材せずに会社からのデータで報道したと言っていた。

②アルミ缶のリサイクルで「缶から缶へ」という比率が高かったので調べようとしたら、回収業者まではわかったが何に使ったかは示してくれなかった。そこでアルミニウムのリサイクルに関係している協会に聞いたら「回収したものを、アルミ缶に再生したという報告を集計しただけ」と言われた。実は、アルミ缶は蓋の部分と胴体の成分が違うので、単純に回収しても再利用できない。そこで問い合わせたのだが答えはなかった。

広島市にあるリサイクル業者ニコーは、プラスチックごみを山中に放置していたが、処理を装い委託料を詐取していたとして捜索を受けた。

③「愛知万博」で会場から出たごみを分別回収してリサイクルしたとの報道があった。同じく愛知万博に関係した業者からリサイクルすると言ってごみを引き取ったがまとめて捨てたと聞いたので、協会に問い合わせたら「引き渡した後は知らない」とのことだった。

④家庭からのごみの分別回収が進んでいる名古屋市に「実際に焼却せずに資源として有効に使った割合を教えてください」と問い合わせたが、「リサイクルしています」と答えるだけで内容については答えて貰えなかった。

リサイクルには税金や分担金が集められているので、リサイクル率を高く設定するとお金が支払われる。

そこでリサイクルを実施している団体に問い合わせをすると、答えは必ず「リサイクルするという業者に私たちは出している」「業者からの報告を集計しているだけ」と答える。国民は税金や分担金を払っているのだから、もっと詳しく本当のことを知る権利がある。

さらに、リサイクルは日本の環境を守る活動であり、分別をしているのは国民である。そんなものに「企業の秘密」などが適用されるはずもない。仮にこれまでリサイクルすると言って焼却していたりするのなら、逆にそのお金は返して貰わなくてはならない。

本当はごみを分けても資源にはならない

家電を捨てる際にお金を取られる、ごみの分別は毎日のように面倒だ。それでいて資源は新しい資源として回収できないし、ごみは増えている。こんなずさんなリサイクルに我々がコロッと騙されたのはどうしてだろうか。

まず「ごみを分ければ資源」というコピー。このコピーはわかりやすいため、世間に浸透した。一説では大阪の大学教授の発明という。「ごみは分けなければごみ、分ければ資源」と言われると何となくそう思ってしまう。

戦前、戦時中の日本に「鬼畜米英」というコピーがあった。

図表1-7　ごみの内容

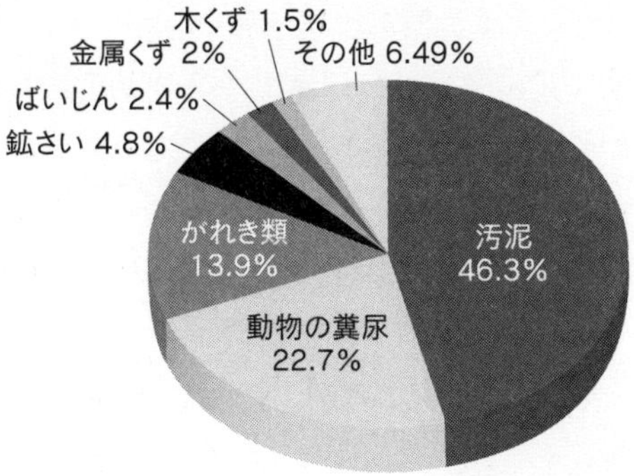

出所：環境省、平成12年度循環型社会の
形成の状況に関する年次報告

アメリカ人とイギリス人は鬼か畜生だというのだからすごいコピーである。

しかし、そう言われて信じ込んでしまうとその時点で思考が停止する。米英は鬼か畜生だからやっつけなければならないという国民的合意の土壌を形成しながら太平洋戦争は始まった。

そして、日本人の犠牲者は300万人に上った。

「分ければ資源」と言われると本当にそう思えてくる。しかし、図表1-7を見れば真実がわかる。

日本のごみの90%に当たる産業廃棄物の内訳は、汚い土（汚泥）が半分、動物の糞尿が3分の1、そしてがれき、鉱山の廃物（鉱滓）、煙突からのばいじんが4分の1を占める。

誰がこのごみを使えるのか。汚泥、糞尿、ばいじんを有効な資源として使えるという剛の者はいるのか。

そんな者はどこにもいない。

本当は「ごみは分けても資源ではない」というのが正しい。「鬼畜米英」などではなく「アメリカ人もイギリス人も会ってみれば人間」ということと同様である。いつも事実をよく見ていなければならない。しかし、人間の頭は幻想をつくりやすい。そしてその性質を利用して儲けようとしている人たちがいる。

このコピーをつくったのは専門家だ。日本人はお国や専門家に弱い。それは良い性質なのだが、それにつけ込むのは良くない。

日本にはかつて武士と職人という専門家がいた。いずれも武士の魂、職人の魂があり、お金では動かず、自らの名誉を大切にしようとした。その伝統があるから日本人はお国（武士）や専門家（職人）の言うことをそのまま信じる傾向がある。それはお互いに信頼関係があったからである。

しかし、リサイクルや次の章に書くダイオキシンあるいは地球温暖化の問題にまつわるウソによってその信頼もなくなりつつある。このままいけば日本は国民との間の信頼関係という大事な財産を環境問題を糸口として失うことになるだろう。

スーパーの袋だけが目の敵にされるのは間違い

実は、産業廃棄物の不法投棄が後を絶たないのも、「ゴミは分別すれば資源」などとウソを言っているからだ。汚泥とか糞尿を目の前に積まれて「これは資源だから再利用せよ」と言われても、実際に処理する人が困り果てるのは目に見えている。

それでは家庭から出るような廃棄物はどうか。

汚泥や糞尿より多少はマシだが、結局は使えない。包装に使っているプラスチックはポリエチレンなどが多い。プラスチックは石油からつくられるが、石油は大昔の生物の死骸である。

そして、石油は何にでも使えるわけではなく、そこから自動車や家電製品などに使う原料を取れば、残りのものにそれほど価値はない。

石油工業ができた頃には石油精製でできる化学物質のうち、かなりの部分を捨てていた。フレアースタックといって工場の煙突からボーボーと燃やしていたのである。それが技術進歩により、満遍なく使えるようになった。しかし、価値のあるプラスチックですら繰り返し使うことができないのだから、包装に使うような安いプラスチックはさらに価値がない。

スーパーの袋が目の敵にされているが、なぜスーパーで袋を無料でくれるかというと、もともとは余りものの石油を何とか袋にしているからである。

そういうとポリエチレンをつくっている人に悪いが、ポリエチレンを製造している当人たちも「俺たちのつくったものが無料で配られていると思うと悲しい」と言っている。でもそのまま捨てるより、たとえスーパーの袋でも1回使って捨てて貰った方が良い。もし安いプラスチックを包装にでも使わなければ、捨てるだけになるからだ。

さらに悪いのはスーパーの袋の代わりにもっと石油を使う

「専用のゴミ袋」を使ったり、リサイクルするために貴重なガソリンを使うようになったりすることだ。環境という名の下に日本人全体が非効率なやり方を正しいリサイクルだと思い込んでいることになる。

つまり、産業廃棄物も家庭から出る廃棄物もごみはごみ、分別しても資源にはならない。諦めて焼却するのがむしろ合理的、効率的な方法なのである。

ペットボトルのリサイクルより、自動車の量を減らす方が格段に環境にやさしく本質的

第二番目のトリックは「ペットボトルをリサイクルすると資源の節約になる」「リサイクルで背広ができる」といったことを言って、一切その量（規模）に触れないことである。

石油は、日本へ1年間に2.5億トン輸入され、この2.5億トンのうちのほとんどは燃料として使われる。発電所で燃焼させて電気をつくり、家庭や企業の冷暖房等に使用される。そして自動車で3分の1を使い、産業で15％使い、航空機で2％を使う。

燃料として使われる石油は直ちに二酸化炭素になるから回収はまったく期待できない。

ペットボトルをリサイクルすると資源の節約ができるというが、ペットボトルをリサイクルしようといった時に使っていた石油の量は26万トンだった。日本に輸入される石油全体の1000分の1がペットボトルに使われていることになる。

たった、1000分の1である。

だから仮にペットボトルのリサイクルが成功して、しかも100％回収できたとしても石油の消費量が1000分の1減るだけである。「ペットボトルをリサイクルすれば石油の消費を節約できる、資源を有効に利用できる」などと言うのはいい加減にしていただきたい。

月給を20万円貰っている人が「200円節約すると生活が楽になる」と言うようなものである。いくら「塵も積もれば山となる」といっても程度問題だ。ペットボトルのリサイクルを一生懸命やっている人は本当に真面目に「資源が節約できる」と思っているのだろうか。

もちろん、ペットボトルをリサイクルするのが簡単ならついでにやっても良いだろうが、それでももっと抜本的なことを同時にやらなければどうにもならない。

最初からダメなことをしているのである。

自動車は毎年、5200万トンぐらいの物質を使ってつくられる。ガソリンや軽油は9000万トンも使う。合計で1億4200万トン。それに道路を整備したり、信号をつくったりするので、自動車関係で毎年、3億2000万トンぐらいの資源を使う。ペットボトルの1200倍である。

つまり、自動車の量をわずか1000分の1でも減らせば、日本国民はペットボトルのリサイクルを忘れても良い。石油ストーブをつける時間を少し減らしても良いし、電気をちょっと消しても良い。そうすればペットボトルのリサイクルなどたちまち不要になるという規模のものなのだ。

有意義にペットボトルを使って焼却するのが環境に一番良い

石油という資源を節約するためには、ペットボトルリサイクルよりも燃料を節約する方がはるかに得策だ。なにも1000分の1しか使っていないものに目を付ける必要はない。

ペットボトルは飲み物を入れるのに大変便利だし、醤油や油の容器にも使える。ペットボトルは軽く丈夫で、使い終われば簡単に燃やすことができる。環境対策としてはすでに優等生なのである。そんな便利なものを社会の一部の人にお金をあげるために、リサイクルするなどあまりにお人好し過ぎはしないだろうか。

際限なく使うのは問題だが、有意義にペットボトルを使って焼却するのが環境にも一番良いのは当然である。

ただ、一旦手に入れた利権の力は恐ろしい。おそらく、近いうちに「リサイクル」という名前のもとにペットボトルは全部、焼却されることになるだろう。お金だけはリサイクル費用を取られるのだが……。

ドイツが環境先進国であるとは必ずしも言えない

三番目のトリックは手が込んでいる。

日本人は外国人、特にヨーロッパ人やアメリカ人に弱い。ペットボトルのリサイクルを推進しようとした時に日本人の外国人コンプレックスが巧妙に利用された。「ドイツはリサイクルをしている」とか、「リサイクルをしているから素晴らしい社会だ」というようなプロパガンダである。

当時、政府の政策に関係していた多くの人が公費を使ってヨーロッパに視察に行った。私も個人的にはずいぶん話を聞かされた。事実を公開したら実に面白いスキャンダルになるだろう。

リサイクルの視察でドイツに行って工場を見学し、夕方にはワインやビールを飲んで、そして報告書を書いて帰ってくるということが何回も何回も行われた。そしていつも報告書の内容は判を押したように決まっていた。

「ドイツは素晴らしい。日本もドイツのようにならなければいけない」という結論である。

しかし、それは事実と違う。

例えば「一人当たりの資源使用量」で整理すると、アメリカは資源の大量消費国で有名で、日本の約4倍も使っている。アメリカは資源使用の効率で日本よりずっと劣った国だから参考にならない。それでは皆がこぞって視察に行ったドイツはどうかというと、驚くべきことにドイツは日本の2倍も資源を使っている。「環境先進国」のはずのドイツが日本よりも資源を多く使っているのである。

データがないと落ち着かない方々のために国民総生産を基準にして1996年における国民一人当たりの資源使用量を重量で示した図表1-8を作成した。

図表1-8　1人当たり資源消費量の各国比較

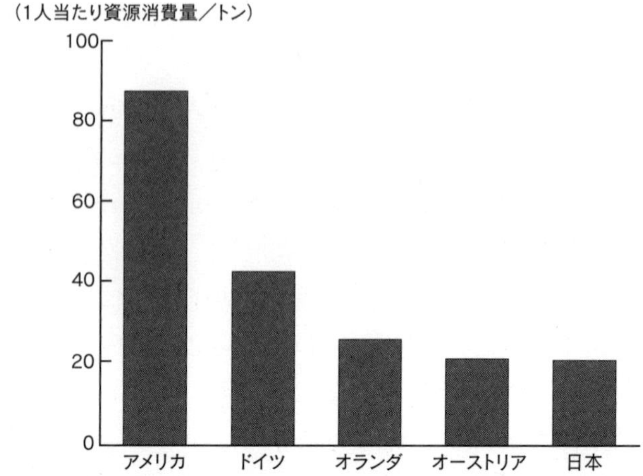

出所:WORLD RESOURCES INSTITUTE,THE WEIGHT OF NATIONS(2000)

アメリカ、日本、ドイツの3カ国では日本がダントツに資源の使用効率が高い。リサイクルが進み、資源の利用効率が高いはずのドイツが、なぜ日本より多くの資源を使っているのか。日本がドイツを真似るというのはどういうことか。どこが「ドイツが優れている」のか。

冗談もいい加減にしてほしいものである。

当然のことながら資源を多く使うため廃棄物も多く出る。世界の中で製品の量を基準にして廃棄物の量を調べると、もっとも少ないのは日本で、リサイクルをして廃棄物を減らしているはずのドイツは日本よりも廃棄物量が多い。

日本がリサイクルを始めた頃の1996年、国内総生産量当たり（ドル当たり）の行政統計によると、廃棄物発生量は日本が97グラムであり、ドイツは160グラムである。

ドイツの方が廃棄物は67％も多い。

実はドイツが日本よりも廃棄物が多い原因の一つは「ドイツがリサイクルをしているから」なのである。

このことは、「リサイクルが環境に良い」とか「ごみを減らす」という固定観念を持っている人には理解できないが、事実である。この事実だけでもリサイクルの無意味さがわかる。そしてドイツに視察に行った人は一体何を見てきたのかということだ。

視察旅行のお金を返して貰いたい。

リサイクルをはやく止めなければいけない理由

1996年時点で比較すると、ドイツは日本よりはるかに資源利用効率の劣る国だが、それを少し長い目で整理してみた。今から30年ほど前からの先進国の資源消費効率を図表1-9に示す。

このグラフは筆者の研究室の学生が整理したものであるが、整理した学生本人がびっくりしていた。その学生も環境問題についてはかなり詳しく知っていたが、これまで「リサイクルする方が資源の消費効率が良くなる」「日本よりドイツやヨーロッパの国の方が優れている」と思っていた。

ところが、事実は明々白々だ。グラフに1975年からの各国の資源消費量を示したが、日本がまったくリサイクルしていな

図表1-9　GDP当たりの資源消費量

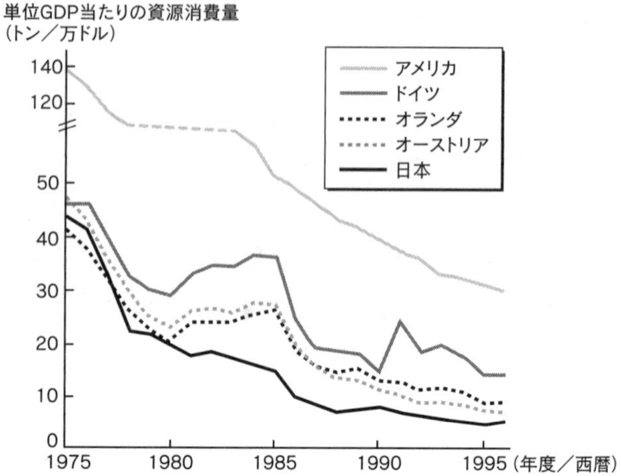

出所:WORLD RESOURCES INSTITUTE,THE WEIGHT OF NATIONS(2000)

い頃の1980年代の半ばを見ると、ドイツが20、アメリカが45で、日本はダントツに低く8である。図の縦軸は少しややこしいが、簡単に言えば「その国がどのくらい環境にやさしいか」ということを示しており、数字が小さい方が「環境にやさしい」。ここで言う「環境にやさしい」というのは、生産される製品の量に対して消費する資源が少なく、ごみが少ないことを示している。

日本がダントツで資源消費効率がいい。なにもドイツに視察に行かなくていいし、リサイクルをしている国ほど悪いのだから、リサイクルもしない方が良い。

もちろん、当時の日本の政府や専門家はこのぐらいのことはよく知っていた。おそらくはマスコミも情報については専門家だから、日本よりドイツの方が環境に悪い状態になっていることを知っていたに違いない。

世界的にも「リサイクルをしていない日本が一番、環境にやさしい国づくりに成功している」ことがすでに証明されていたのである。

資源消費効率はリサイクルだけで変わるわけではないが、もし社会のシステムとしてのリサイクルが、本当に循環型社会に結びつき、資源消費効率を高めるならば、リサイクルをしていなかった日本が諸外国よりもダントツにいいなどということがあり得るはずがない。

そして、恐ろしいことに日本がリサイクルを始めた1990年から、少しずつ日本と他の国の線が近づいている。リサイクルがいかに日本の力をそぎ落とし、せっかく世界一環境にやさしい国だったのをダメにしていっているかがわかる。

リサイクルはここで示したペットボトルのリサイクルや容器包装リサイクル、また家電リサイクルの他にも、建築のリサイクルや食品のリサイクル、自動車のリサイクルといった多くのリサイクルが法制化されているが、それぞれ大きな欠陥を含んでいるから、できるだけ早くそういったリサイクルを止めることが日本の環境を良くするためには欠かせない。

特に日本は資源が少ないので資源を有効に使わなければならない。「資源を有効に使う」ためには「リサイクルを早く止める」ということである。

ごみ分別の無分別

リサイクルの法律の目的は、①ごみを減らす、②資源を再利用する、③生活環境を保全する、そして④国民経済を健全に発展させる、ことだろう。

現在のペットボトルのリサイクルやその他の容器包装プラスチックのリサイクルは結果的にごみを増やし、資源を多く使い、それに税金を使っているので法律の目的を達成していない。だから、明確に違法である。

「不法投棄」が問題になっている。しかし、お役所にしても「リサイクルするから分別してください」と言っておきながら、集めたごみを焼却炉や溶鉱炉に入れるという「不法投棄」をしているではないか。

法律は「やるふり」ではダメで、その目的を達成しなければ意味がない。自治体は法律に規定されたリサイクルをする必要があるが、リサイクルの方法は法律の目的を達成するために行われる。

当たり前のことである。

しかし、実際には一部の人にお金を渡し、法律の目的に反した方法を採っている。

リサイクルでごみが増え、資源が利用されていないことだけではない。リサイクルを進めることで「生活環境」は大きく悪化した。リサイクルが始まる前は、ごみは分別せずに自治体が集めたので、毎日か隔日でごみを出すことができた。リサイクルが始まってから、「今日は○○ごみ」というように規制された。特に夏場などはごみが腐るので堪らない。

この世の中には、お父さんが会社にお勤めに出て、お母さんは家で家事をして、二人の子供は学校へ行っているといった標準的な家庭ばかりではない。お母さんもお父さんも共稼ぎをしていたり、また単身赴任だったり、多様な生活環境を持った人たちが住んでいるのが今の日本の社会である。

その中で、分別する日が決まっていたらとても不便なのは目に見えている。また、分別収集するので街の中に分別して一時的に置くごみ置き場が増えた。例えば、名古屋では一般廃棄物貯蔵所の約10％が街の中のごみ捨て場になった。つまり、分別することによってごみの置き場は10％も増えたのである。

集中的な廃棄物貯蔵所は本来、一括管理ができるし、一定の場所にきちんとまとめておくことができるが、名古屋市の街の中にあるごみ収集所はそうなっているとは言いがたく大変に汚い。それも毎日、違うごみが置いてあるのでごみの中の街になった。ごみに群がるカラスもいるし、猫もいる。夏になると細菌も増えて臭い。

とんでもないことになっている。

ごみ袋を特定する必要はまったくない

おまけに市区町村で「ごみ袋を指定する」ということもやっ

た。リサイクルが始まる前のごみ袋はスーパーからもらった袋を有効に使っていた。ところが、ある時から自治体がごみ袋を特定するようになった。ごみ袋はどうせ燃やすのだから何でも良いのだが。

筆者はプラスチックの燃焼の研究を長くしているが、別段、ごみ袋を制限する必要はまったくない。ごみ袋を特定するために自治体はいろいろな理屈をこねている。例えば、ポリ袋をそのまま燃やすとカロリーが高いから焼却炉を破壊すると言っているが、これなどは素人でもわかるほど荒唐無稽な話である。

ごみ袋のカロリーがいくら高くても、ごみ袋の中には台所から出された湿ったごみが入っているのだからカロリーは全体としては不足する。だから、普通に考えるならば、自治体がごみ袋をつくる特定の業者に便宜を図っているとしか考えられない。

業者と自治体が癒着している証拠を示せと言われると困るが、こんなに変な決まりをつくるのだから、自治体の方が業者と癒着していないということを証明する必要があるだろう。科学的にまったく意味のないことをするのだから、その理由をはっきりさせるのは実施側であって国民ではない。

情報公開（ディスクロージャー）の精神は、情報公開を要求された時だけ公開するのではなく、新しいことをやる場合やどうしても不合理なことをやらざるを得ない時には納税者にしっかりとその理由を示すことを言うのである。主人は国民であって、お役所ではない。

ごみを捨てられなくなるのは、生活ができないのと同等である。昔のように裏庭があればそこに捨てることもできるが、マンションに住んでいて自治体がごみを持って行かないということになると死活問題である。

「排出者責任」と言ってごみを捨てにくくしているが、人間が快適に生活をしようとするとごみが出る。もともと自治体が市民に提供するサービスの一つに社会の活動に伴って発生する不要物を共同で処理する役割もあることを思い出していただきたい。自治体がごみ処理のサービスをしてくれないのなら、自治体は解散して、福祉、教育などその機能ごとに分割して、国民は必要なサービスだけを選択できるようにしてほしいものだ。

リサイクルの強要は憲法違反

憲法には国民に3つの義務を課している。すなわち納税の義務、勤労の義務、そして教育を受ける義務である。それ以外には義務はない。

例えば、選挙に行くのは国民の義務ではなく権利である。国民が選挙に行きたいならば行けるようにしなければならないが、選挙に行かないからといって罰せられるということはない。

また、「国にとって必要だから」という理由で国民に勝手に義務を負わせることも憲法違反である。例えば北朝鮮がミサイルを撃つ。それは大変だ、日本の国を守らなければならないということになったとしても徴兵することはさすがにできない。

もし徴兵するなら憲法を改正しなければいけない。
分別回収もそれと同様である。誰の目から見ても環境を守ることは大切だと言っても、それだけで直ちに分別しなければごみが出せないなどというのは明らかにおかしい。
環境を守るために分別したい人がいるなら分別してごみを出す権利を確保するのは構わない。しかし、これを義務化するのは横暴である。

リサイクルした方が良いものと悪いもの

資源は有限だから一度使った資源をもう一度、使うことができればそれに越したことはない。昔から、古着、古新聞、鉄くず、貴金属などは業者が住宅を回って回収し、商売をしていた。リサイクルすべてが非効率なのではなく、資源として役に立つものは経済活動の中で立派に「リサイクル」できる。
ファッション的な意味での古着はビンテージ物として、逆に高い価値を生んだりするし、個人で使わなくなった服はフリーマーケットやネットオークションで売買されたりしている。また、古紙は現在でも規制をなくして昔と同じにすればチリ紙交換という商売が復活するだろう。
しかし、「チリ紙交換」と容器包装リサイクル法などによって守られた「現代風官製リサイクル」は決定的に異なっている。それは「自分で集めて、それで商売すること」と「他人が集め、それで商売すること」との差である。環境ということを考えると「自分で集め、自分で商売にする」ということが第一義である。リサイクルの目的は日本全国で発生するごみを減らし、資源を節約することだから、お役所だけが節約できても仕方がない。

使用済みペットボトルの引き取りに関し、これまで自治体は処理業者に費用を支払ってきたが、最近では、処理業者がペットボトルを有価・有償で引き取るケースも増えてきたという。これは、中国でリサイクル資源としてペットボトルを含む廃プラスチックの需要が高まっていることを受け、日本からの輸出が増加している事情が背景にある。

しかし、国際的に環境問題が浮上してから、常に議論されてきたのは「先進国のごみ(廃棄物)を発展途上国に押し付けない」という原則をいかに守るかということだった。

有害物を含む廃棄物を国境を越えて移動させることを規制した「バーゼル条約」もその一つで、国単位で「資源を使う国、ゴミを回収する国」に分けるという考え方は「環境」という概念にそぐわないと考えられたのである。

だから、たとえ有償でもペットボトルを外国に出すのは日本の国際的信用を落とすだけである。さらにこの問題は、「人が集めてくれれば、商売になる」という構造を具現化している。つまり、ペットボトルは膨大な税金を使って集められている。それをいわば低価格で横取りする。さらに国際的な約束に反して外国に出すのだから二重の倫理違反である。

海外からもその誠実さをもって知られてきたはずの日本人、

環境という理想——。それらが二重に裏切られるのはなぜだろうか。

それこそ著者がこの本で言いたいこととも関連する。国民が望んでいる環境の改善という問題を私物化し、それによって収益を得ようとする日本社会の構造こそが問題であり、これを放置しておいてはいけないということだ。私たちは「環境」問題を根底から見直さなければならないだろう。

第2章

ダイオキシンはいかにして猛毒に仕立て上げられたか

ダイオキシンは本当に猛毒なのか

最近の世の中でダイオキシンほど騒がれた化合物はない。僅か30年ほど前には、日本の社会でダイオキシンという化合物の名称を知っているのはごく一部の人に限られていた。それが今では「ダイオキシン」と言えばほとんどの日本人が「猛毒だ」と反応するまでになった。

なぜ1億人もいる日本人がそんな状態になったのかというと、ダイオキシンというのは「人類史上、もっとも強い毒性を持つ化合物」と報道されたからだ。それも、たき火をしたり、魚を焼いたりするだけで発生するというのだから驚く。

新聞やテレビは毎日のように繰り返しダイオキシンのニュースを流し、1999年には「埼玉県所沢産の野菜から高濃度のダイオキシンが検出された」とする「ニュースステーション」(テレビ朝日)の報道をきっかけにして、所沢産野菜の価格は暴落し、スーパーなども販売を中止する騒動が起こった。

当時1束70～80円で取引きされていたが、翌日には半値に、3日目は3分の1にまで暴落、全国展開の大手スーパーからも、所沢市産の野菜は出荷しないでほしい、販売も見合わせるといった不売が続出し、さらには埼玉県野菜の全品取扱い中止を行った量販店もあったという。もちろん生産農家は甚大な被害を蒙った。

あまりにも世論が沸騰するので、日本政府も「ダイオキシン対策」を進めてきた。ダイオキシンが発生すると言われていた日本の焼却炉を全部入れ替えたり、環境運動団体に「あそこはダイオキシンが多いのではないか！」と指摘されると1箇所の分析だけで50万円もするような費用をポンと出して測定会社に依頼したのである。

実は筆者も平成12年(2000年)まではダイオキシンは猛毒で、こんなものを人間がつくったのは大変なことだと思っていた。そして、科学者の一人として、今後はダイオキシンを発生させないような物質をつくっていかなければならない、科学にはそういう使命がある、などと思っていたのだ。

ところが、平成13年(2001年)の1月のことだった。「学士会報」という雑誌に、当時、東京大学の医学部教授だった和田攻先生が「ダイオキシンはヒトの猛毒で最強の発癌物質か」という題名の論文を発表されているのを目にした。

この論文を読んだ時の驚きを筆者は今でも覚えている。なぜなら、和田先生といえば東京大学医学部の教授というだけでもご高名であるが、人体への毒物に関しては日本で最高の知識と経験を持った人だったからである。しかし、あまりにも論文の内容がショッキングだったので、筆者は大学の図書室に行って和田先生が執筆された著作を読んでみた。予想通り和田先生には膨大な著作があり、そこには人間に対する毒物とその影響が書かれていた。大変に多くの見識を持つ専門家であるというのが、その時の筆者の印象だった。

和田先生のこの論文には、「ダイオキシンが人に対して毒性を持つということははっきりしていない、おそらくはそれほど強い発ガン性を持っているとも思われないし、また急性毒性という点では非常に弱いものではないか」という主旨だった。

筆者は科学者でありながら、それまでダイオキシンについてはマスコミから報道されることをそのまま鵜呑みに信じていた。後になってずいぶん反省したが、当時は、マスコミがダイオキシンは猛毒だと報道しているのだからと、それをそのまま受け止めていて、自分で調べることをしていなかったのだ。

つくられたダイオキシン騒動

それからというもの、筆者はダイオキシンの毒性について一つずつ丹念に調査を重ねていった。その結果、この物質にはほとんど毒性がないという確信を得たのは3年後ぐらいだった。その時、和田先生が書かれていた言葉を再び思い出した。

「ダイオキシン騒動というのはつくられたものであって、社会がダイオキシンの幻想をつくり上げる時に我々専門家があまり力を持っていなかったことを証明した。科学の敗北である」

大体このような意味だったと覚えている。

時の為政者や利益団体が事実と異なるうわさを流し、それでずいぶん儲ける、もしくは多くの人が死ぬというケースは歴史上も数多く見られる。例えば、中世のヨーロッパでは「魔女狩り」が行われた。

様々な形態があったようだが、天変地異や飢饉などの社会不安が訪れると、街の中を見渡して魔女らしき人を探し出す。仮にある女性が魔女と判定されると糾弾され、拷問を受け火あぶりになるという残虐行為が行われていた。

これと同じような非道は中世のヨーロッパのように古い時代に限って起きていることでもない。

20世紀、ソ連にルイシェンコという人がいた。この人は共産主義のためならば科学は事実を曲げてもいいのだという考え方を持っていたために色々な偽装に手を染めた。例えば、遺伝子の研究で有名なメンデルについてルイシェンコは、「メンデルの思想は反動的であり、ソ連の敵である」と演説し、科学は国家に奉仕するものだから共産主義の思想に沿った遺伝の研究しか認められない、遺伝子などというような研究者はシベリア送りにすると言って、自分の学説に反対する人たちを実際にシベリア送りにしたりした。

第二次世界大戦前夜のドイツも同じようにヒトラーが「ユダヤ人は劣等民族だ」と決め付けて、ユダヤ人を次々にガス室に送り大量に殺戮したホロコーストという先例もある。そうした意味でダイオキシンが猛毒であるという大規模な虚偽の報道も人間の社会にとっては実は初めてのことではない。

かつて撒かれた農薬によって日本の水田のダイオキシン濃度は非常に高かった

ダイオキシンについて、次に驚いたことは横浜国立大学の益永茂樹先生の研究室が発表した日本におけるダイオキシン濃度

図表2-1　日本の国土のダイオキシン量の変化

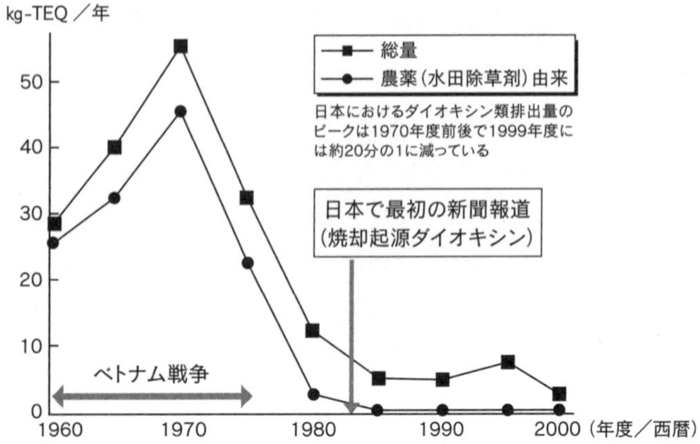

の変遷だった。

筆者はマスコミを信じていたのでアメリカ軍がベトナム戦争の時に枯葉剤を散布し、それにダイオキシンが含まれていたために、ベトナムにはダイオキシンの被害が数多くあり、ベトちゃんドクちゃんに代表されるような奇形児も生まれた、だから非常に気を付けなければならないと信じていた。

ところが、横浜国立大学の発表したダイオキシン汚染の状態というのは大変に驚くべき結果であった。その結果を図表2-1にまとめてみた。

このデータによると、日本ではお米をつくる時にダイオキシンを含む農薬を長い間散布してきたため、かつて日本の水田のダイオキシンの濃度は大変に高かったというのである。

日本の国民が「ダイオキシン」という化合物を知り、焼却炉を換えたりしたのは1995年以後だったが、このデータでは、日本でダイオキシンの濃度が一番高かったのはそれより25年も前で、しかもあろうことかそのほとんどが水田に散布された農薬（CNP：水田除草剤）に含まれていたというのである。

水田？　水田にダイオキシン？

ダイオキシンの大部分は焼却炉起源ではなく、むしろ農薬（水田除草剤）起源であったのだ。

どうも、我々日本人はダイオキシンが含まれていた可能性の高いお米を長い期間食べていたらしい。由々しき事態である。なんといってもお米は日本人の主食だから、本来なら新聞やテレビが大騒ぎするほど大変なことである。しかし、当時のお米にどのぐらいのダイオキシンが入っていたかを調べるのは難しい。国民の誰もが知りたいデータなのにないのである。

ダイオキシンは油に溶けるので、土に撒けばダイオキシンはより油の多いものに移っていく。生物はやや油分が多いのでダイオキシンが自然界から生物に移る。これを「生物濃縮」と言っている。日本のお米にどのぐらいのダイオキシンが入っていたのか、我々はお米からどのぐらいのダイオキシンを食べていたのか、知りたいものである。

日本の水田に散布されたダイオキシンの量はベトナム戦争時の8倍にもなる

そこで、日本の水田に散布されたダイオキシンの量は、アメリカ軍がベトナム戦争で散布した枯葉剤の中のダイオキシンと比べてどちらが多いのかという計算をしてみた。その結果、二度びっくりすることになった。

計算によると、日本の全土に散布されたダイオキシンは平成9年（1997年）で1万平方キロメートルに1年間で0.21キログラム（相当）という量だった。ダイオキシンの量を示す単位は面倒で、普通「TEQ」というが、ダイオキシン自体が多くの化合物の総称なので、毒性で換算した重さをいうことになっている。それが相当キログラムというわけである。

日本全土に1万平方キロメートル当たり1年間で0.21キログラムのダイオキシンが散布されたことはわかったが、ベトナムのように空から爆撃されたのではなく、水田にだけダイオキシンを含む農薬を散布していたので、水田だけを考えれば良い。そこでもう一度、計算すると、日本の水田に散布されたダイオキシンの量は、1万平方キロメートルに1年間で3.7キログラムだった。

一方、ベトナム戦争では除草剤の一種である枯葉剤の中にダイオキシンが入っており、それが米軍によって爆弾と一緒に投下された。その量は、ベトナムの国土の1万平方キロメートルに1年間に0.46キログラムであったという。日本の水田に散布したダイオキシンの量は、あのベトナム戦争の時にアメリカ軍がベトナムに散布したダイオキシンの約8倍だったのである。

環境問題のウソを調べると実に7～8倍ぐらいの値が多い。ペットボトルリサイクルではごみが7倍に増えていた。家電リサイクルでは費用が7倍。ダイオキシン散布量では日本の水田はベトナムの8倍にもなる。

さらに、日本の水田へのダイオキシンの散布量が一番多かった1970年では、1年間で実に27キログラムにも上る。

つまり、お米をつくる日本の水田に、ベトナム戦争の時に枯葉剤で散布されたダイオキシンの約60倍というダイオキシンが散布されたのである。それも一時的ではなく20年間も毎年ダイオキシンを含む除草剤が散布され、それを多少なりとも吸収しただろうお米を日本人は食べていた。

しかし、このことはほとんど報道されなかった。日本でのダイオキシンの観測は1983年に愛媛大学の立川涼先生によるものが初だから、この段階で確実なデータがなかったのも確かだが、データが揃ってからもマスコミは報道しなかった。なぜなら、報道すると大変な騒ぎになり、みんなが日本製のお米に不安や不信感を持つことが心配されたからではないか。

ただし、お米というのはお米を販売するのが目的ではなく、一般の人々が生きていくために食べるものである。

だから、もしもダイオキシンが猛毒で、しかもそれがお米をつくる田んぼの中に入っているなら、そしてその量がベトナム戦争時の枯葉剤よりも多い、という事実があれば、まずはその事実を国民に知らせなければならなかったであろう。

そして仮に、ダイオキシンが「史上最強」の猛毒なら日本人は全滅していたかもしれない。

ダイオキシンの被害者としてつくり上げられたと考えられるベトちゃんとドクちゃんが本当にダイオキシンの犠牲者なら、

その60倍もの量を撒いた日本の水田からとれるお米を食べた日本人にはなぜ犠牲者が出なかったのだろうか。

ダイオキシンは自然界に普通にあるものであり、数億年前から地上にあった

お米は、お米をつくる人のためだけとか、農協のため、または政府のためにつくっているわけではない。日本のお米は、日本の庶民が食べるためにつくっている。

だからこうした事実は必ず報道しなければいけなかっただろう。しかし、幸いにしてダイオキシンの毒性は低く、しかもあまり人体に蓄積しなかったので、日本人が全滅することもなかったというのが真相である。

ダイオキシンが騒がれた頃、ダイオキシンは魚介類に蓄積されて減らないと言われたが、それは厳密には違う。

図表2-2に示したように水田にダイオキシン入りの農薬を使わなくなった後から、ダイオキシンも減っていて今では魚介類からもあまり検出されない。

筆者はダイオキシンが毒であっても毒でなくても、もし体内に蓄積するようなことがあったら、将来、問題になるかもしれないと心配していたので、生体への蓄積がないことを示すこのデータは安心させるに足るものであった。しかし、あとから冷静になってこのデータを見ると「体内に蓄積しない」というのは至極当然のことでもあった。

多くの人はダイオキシン関連情報が報道された頃、「ダイオ

図表2-2　魚類、貝類に蓄積する塩素系農薬の低下

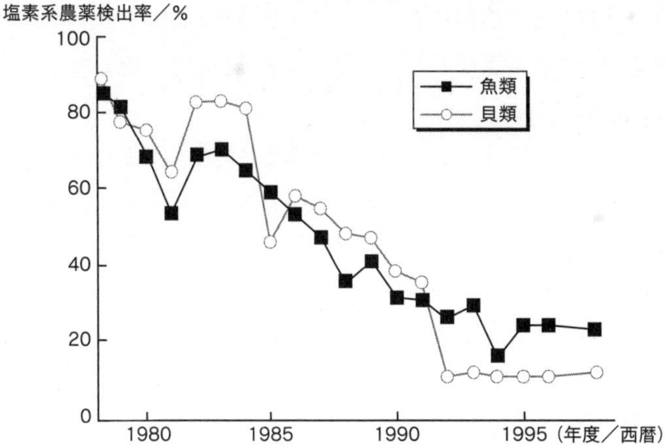

キシンは極めて特殊な化合物」であると錯覚した。何しろ「人類史上、もっとも強力な毒物」などと言われるものだから、そんなものが大昔からあるはずもなく、新しく誰かがつくり出したのだと思っていた。そんな得体も知れない化合物なら動物の体内でも「処理できずに」蓄積するかもしれないと心配したのである。

ところが、ダイオキシンは自然界にも普通に存在するものであり、数億年前から地上にあることがわかってきた。

まったく人騒がせなものである。リサイクルと同じく環境問題にはなぜこんなにウソが多いのだろう。

ダイオキシンが数億年前からあるのなら、通常であれば進化の過程で生物はその処理ができるようになっているはずだと考

えられる。なぜなら、もし自然界にあるもので生物が処理できず、猛毒だというのなら、これまで数億年の間にダイオキシンは動物の体内に蓄積し、そのために全滅の危機に瀕しているはずだからである。

さらに、ダイオキシンの毒性が非常に高く、お米にも残留し含まれていたとなると、日本人は多くの人がダイオキシンの犠牲になるはずだった。ところが、いわば「ダイオキシン入りのご飯」を20年間も食べ続けた日本人は、誰も死ななかったどころか、患者さんも出なかった。

モルモットと人間では ダイオキシンへの毒耐性が違う

当時、ダイオキシンは猛毒だと叫ばれたのはどういう経緯と根拠からだったのか。

まずわかったことはダイオキシンが猛毒だという実験データはラットやモルモットを基準としたものであることである。

一つの例として、「ダイオキシンが危ない、猛毒だ」と言われた頃に使われた、モルモットを使用した実験データを図表2-3に示した。表ではモルモットに対する毒性を整理してある。

一番、危ないのは細菌から出される毒で、有名なボツリヌス菌の毒は青酸カリの3000万倍から1000万倍も強い。次が破傷風で600万倍、そしてイソギンチャクの毒が20万倍である。

その次にダイオキシンがあり、青酸カリの実に6万倍の毒性を持つとされている。誰でも詳しい説明なしに、6万倍とか人

図表2-3　青酸カリを基準とした毒性物質の毒の強さ

毒の種類	毒性物質	毒の強さ
細菌毒素	ボツリヌス菌毒素D	30000000
	ボツリヌス菌毒素A	10000000
	破傷風菌毒素	6000000
イソギンチャク毒	パリトキシン	200000
有機化合物	ダイオキシン	60000
プランクトン、貝毒	サキシトキシン	3000
ふぐ毒	テトロドトキシン	1000
テングダケ毒	α－アマニチン	30
陸産蛇	コブラ毒	20
無機化合物	青酸ガス	3
	青酸カリ	1

出所：筱義人『環境ホルモン　きちんと理解したい人のために』講談社、1998

類史上最大の毒物などと言われたらビックリするだろう。

青酸カリといえば猛毒中の猛毒である。それより6万倍毒性が強く、しかも新しい化学物質（これはウソだったが）だと報道された。

大騒ぎになるのは当然だった。

しかし、この世には危険を煽り立てる人だけではない。ラットに対するダイオキシンの動物実験をしっかりやっている学者もいた。そのような学者の一人であるピトーという人のデータを図表2-4に示そう。

このデータは20年前に発表されたメスのラットの異常発生率を示すデータだが、ダイオキシンをまったく与えないラットに対して、ダイオキシンを体重1キログラムに対して1日1ナ

図表2-4　ダイオキシン投与量と障害数

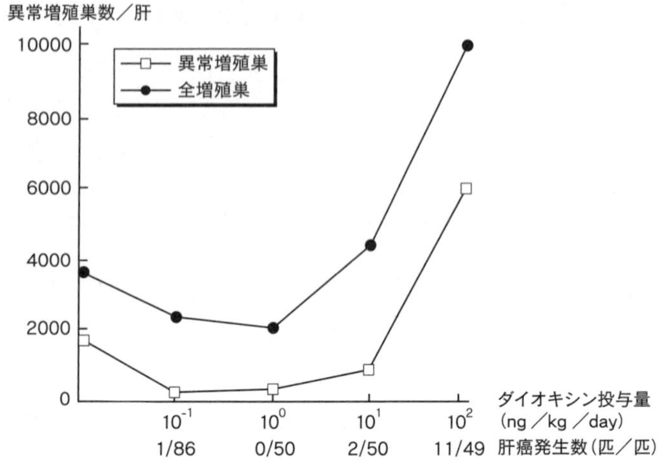

出所:Pitot,H.C.etal Carcinogenesis,8(1987)p1491-1499

ノグラムを与えると肝臓の異常がかえって少なくなっている。そして、10ナノグラム以上を投与すると異常発生率が高くなる。

このようにU字型のカーブを描くのは多くの化学物質に見られる通常の現象である。つまり少量では薬になるが大量では毒になるというもので、病気になると服用する薬はほとんどすべてがこのタイプである。お医者さんが処方してくれる通りの量を飲めばいいが、お医者さんが処方してくれる薬だからといっても大量に飲めば死んでしまう。

このU字カーブを描くのは、薬ばかりではない。醤油でも刺身に少量かけて食べればおいしく食べられるが、大量に飲めば死亡する。しかし、醤油を大量に飲んで死亡したからといって醤油を「猛毒」であるから危険と言う人はいない。少量なら大丈夫、大量なら害になるというのは常識だからである。

さらに詳しく研究すると、ラットやモルモットに対してダイオキシンは強い毒性を示すが、次のような特徴があることがわかってきた。

①急性の毒性は弱く死ぬことはないが、数週間で体力を消耗して死ぬ傾向があること
②毒性は生物の種類によって大きく違うこと
③免疫系、生殖系、胃腸系、皮膚、肝臓、腎臓に広く影響があること
④特定の蛋白の合成が早まったり、皮膚の細胞の増殖などが見られること
⑤発ガン性は直接的には見られず、何か別の要因で発ガンしそうな時にそれを加速させる傾向があること
⑥体内に「レセプター（受容体）」があり、これと結合して毒性がなくなることもあること

また、動物の種類が変わっただけでも毒性が違い、ハムスターではモルモットの8000分の1の毒性だった。ハムスターとモルモットというと両方ともネズミの一種のように見えて、区別がつかない人も多くいるだろう。そんな似ている動物でも8000倍も毒性が違う、それがダイオキシンの特徴だった。

毒物にしたいために行われる実験

ここで一気に少し難しいことも整理しておく。

一般的には「毒」というと十把一絡げだが、専門的には毒性のタイプごとに調べていく。ダイオキシンの免疫毒性の場合には「胸腺の萎縮」が問題になるが、これはモルモット、ラット、マウスのいずれにも影響が見られる。体重1キログラム当たり0.1マイクログラムのダイオキシンを投与したマウスをインフルエンザにかけると、インフルエンザの致死率が2倍に増える。こんな風に調べていくので毒性というのはなかなか厄介である。

ウサギやアカゲザルのように高等生物になってくるとさらに難しい。ウサギにダイオキシンを与えると流産や胎児死が増加し、アカゲザルでは投与量を増やすと生殖能力の低下が見られている。

ダイオキシンには毒性があるが、その影響はそれほど一定して決まっているわけではないことがわかった。しかし、これまで「猛毒だ」と信じられていたのはどうしてだろうか。

マスコミは、新たな猛毒を発見などと言えば視聴者や読者が注目して販売部数が増えたり、視聴率が上がるから何でもそうすれば良いと言っても過言ではないほどである。環境に興味のある人なら、「魚の焦げは発ガン性物質」「甘味料のチクロも発ガン性あり」と思っている人がいるはずだ。両方とも新聞が大々的に報道したからである。

しかし、両方とも今では発ガン性はないとされている。魚の焦げは平成13年に訂正報道があり、チクロの方は平成12年の「朝日新聞」に次のような記事が出ている。

「人工甘味料サイクラミン酸Na（チクロ）のサル長期経口投与実験で発がん性が確認できなかったとの最終報告が、『TOXICOLOGICAL SCIENCES: 53, 33-39（2000）』に発表された。

チクロはネズミに膀胱がんを起こすとして1969年に米国、日本等で禁止された。実験は、1970年より米国国立がん研究所グループが行っていたもので、病理検査は高山昭三・昭和大学客員教授（元国立がんセンター研究所長）が担当した。サル、500ミリグラム／キログラム（体重）投与群：11匹、100ミリグラム／キログラム（体重）投与群：10匹、対象群：16匹で行われ、1994年に解剖された」

チクロが禁止されてから30年、今さらチクロに発ガン性がないと言われても、30年間チクロを用いた甘い物を食べられなかった事実は返ってこない。危なそうなものは注意してもし過ぎることはないと反論してくるだろうが、報道は事実報道が期待されていて、危険を煽るために報道があるわけではないし、新聞は保健所でもない。

多くの生物の中には「特定の物質に非常に弱い生物」がいる。例えば、人間にとっては酸素がなければ生きていけないが、酸素があるとすぐ死んでしまう変わった生物もいる。極端な話だが、仮にそのような生物を取り上げてテレビや新聞で報道し、酸素は猛毒だから呼吸してはいけないなどと言えば、人間は皆死ぬ他ない。笑い話ではなく、実際に珍しい生物を選んできて、その生物にとって毒であるから人間も危ないという荒唐無稽な論法がよく使われている。

ある時、誰かが「亜鉛を毒物にしたい」と思い、ヒラタカゲロウという昆虫を例にして「亜鉛は毒物だ」と騒いだ。それで世間は亜鉛の使用に慎重になり、亜鉛不足で味がわからなくなる病気、味蕾障害が出るようになった。

食べるものの味がわからないぐらい良いじゃないかという乱暴な話もあるが、毎日の食事に味を感じられないのは辛い。そして、味が感じられない病気になるのは身体に必要な亜鉛が不足しているからである。亜鉛は危険な毒物ではない。

「騒ぎ立てる方が正しい」という論法はそろそろ止めなければならないだろう。

ダイオキシンが生成される条件とは

ダイオキシンはどのようにしてできるのかについて整理しよう。

ダイオキシンという化合物がつくり出されるために必要な条件は、第一に、「有機物」が存在することである。自然界には「有機物」と呼ばれる種類の素材は大量にある。

例えば、植物や動物の体がそうであり、植物の体はセルロースなどの「有機の高分子」や「有機の化合物」でできているし、動物の体もタンパク質のような「有機の高分子と化合物」でつくられている。石炭は植物の死骸、石油は動物の死骸だからこれも同じである。

第二に必要な条件が「塩素などのハロゲン」の存在である。塩素などのハロゲンはいろいろな鉱石などに含まれているが、なんといっても量が多いのは海の塩である。海の塩は「塩化ナトリウム（NaCl）」だから、塩素（Cl）とナトリウム（Na）の化合物である。海に溶けている時には塩素とナトリウムがバラバラだが、蒸発させて塩として取り出した時には結合している。

第三に、300度〜500度ぐらいの高温が必要だが、木材やプラスチックが燃える時の温度がだいたいこの温度なので、山火事やたき火などは、ちょうどダイオキシンができる温度になる。

つまり、「植物か動物」「塩」「燃える時の温度」の条件が揃えばダイオキシンができる。人間がいなかった頃には山火事でダイオキシンができただろう。

風の強い日、海からは風が吹いて塩が山の方まで飛んでくる。樹木には海の塩がついている。そこに何かの原因で山火事が起きる。植物という有機物、海の塩、そして火災とダイオキシン生成の条件が揃っている。そんな時、動物は火に追われて死んだのだろうか。それとも猛毒のダイオキシンのために動けなくなったのだろうか。

大昔から人間はダイオキシンに接しながら生きてきた

人間が登場するとさらにダイオキシンができやすくなる。人間はかつて「たて穴式住居」というところに住んでいた。地面に穴を掘り、その上に藁を組んで、家をつくり、その家の中心には「囲炉裏《いろり》」を置いてそこで暖をとったり食事をするという生活をしたのである。

日本では昔から伝統的に囲炉裏があり、そこで薪や炭などをくべながら生活をしていた。もちろん、部屋の中は煙だらけになり、柱や梁は黒くなる。その中にはダイオキシンがかなり含まれていただろう。

ダイオキシン騒動は伝統的な生活さえも破壊してしまった。ここ最近、日本の役場に寄せられる苦情の上位は「隣の人がたき火をしているからダイオキシンが出て危ない」というものである。

何ともおかしな国になったものである。

そんなことを言っていたら昔の囲炉裏はどうなのか。たて穴式住居の中で魚を焼いたり肉を焼いたりしていたのに、なぜ死ななかったのか、ということになる。

いずれにしてもダイオキシンというのは普通にものを燃やせば不可避的にできるので、大昔から人間はダイオキシンに接しながら生きてきた。だから、もしもダイオキシンが人間にも微量で強い毒性を示すなら確実に犠牲者が出ていたはずである。

囲炉裏（筆者撮影）

しかし、幸いなことにダイオキシンで死んだ人はおろか、病気になった人すら日本にはいない。

焼鳥屋のオヤジさんはダイオキシンを浴び続けているはずなのに健康である

ダイオキシンの毒性が弱いということを理解するためのダメ押しに、焼鳥屋のオヤジさんの話をしたい。

鳥肉に塩をよくかけて焼くと、ちょうど400度～500度になる。鶏肉、塩、火という3条件が揃っているので煙の中にはダイオキシンが含まれていると考えられる。

焼鳥屋のオヤジさんは、夕方の混雑時に備えて午後の3時頃から仕込みを始め、5時頃にお客さんが来ると、それから夜の12時頃まで、毎日毎日焼鳥を焼いている。いわばダイオキシンを製造してその煙を吸っているのである。隣のたき火どころの話ではない。

では、焼鳥屋のオヤジさんがダイオキシンによる患者になったかというと、そんな話は聞いたことがない。皆さん元気に働いておられる。それは、ダイオキシンが微量ならばほとんど問題にならない程、無毒だからである。

かつてダイオキシン報道に科学は敗れてしまった

ダイオキシンの報道はどのように行われたのだろうか。

図表2-7に最近20年間に、ある大新聞で書かれたダイオキシンの記事の数を整理した。

ついでに類似のものだが、もう若い人は知らないぐらい報道されなくなった「環境ホルモン」の報道も合わせて示した。

いかに一時的にダイオキシン問題がセンセーショナルに報道されたかがわかる。1997年に爆発的に記事件数が増えて、1998年には最大で年間2500件もの報道件数になった。

これは一つの新聞のみである。そこに毎日、7件以上のダイオキシンの記事、環境ホルモンを合わせると9件から10件の記事を読まされるのだから洗脳されるのも無理はない。

報道は、ダイオキシンが人類最大の毒物だ、どこにでもある、ダイオキシンの毒性を避けるために母乳を飲ませるな、アトピーの原因の一つはダイオキシンだ、といった内容が続いた。そして、その延長線上に有名な、所沢産のホウレンソウにダイオキシンが高濃度で含まれているとする報道があった。

図表2-7　ダイオキシン報道の変化

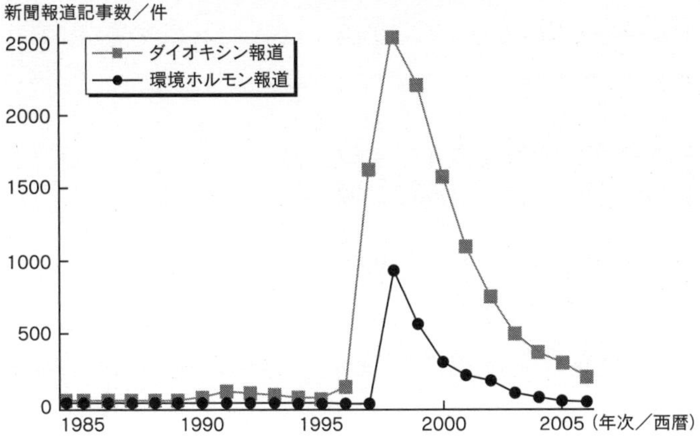

あまりにマスコミが騒ぐので、当時の厚生省は対策を取らなければならなくなり、平成14年には委員会を開いてダイオキシンの規制値などを検討した。その時の報告書を筆者は読み、また驚いたわけだが、そこにはこのように書かれていた。

「ダイオキシンは人間ではほとんど毒性が認められていない。急性毒性としてはニキビが最も重い症状であり、それ以外には認められていない。慢性毒性は今後の研究にもよるが、現在慢性毒性として認められるものはない。発ガン性とか奇形児の発生率についてもほとんど観測値はない」

しかし、だから規制しなくていいとはならなかった。厚生省の委員会は世間がこれだけ騒いでいるのだから、少しの間は規制値を決めておいた方が無難だという結論を出した。

これこそが「ダイオキシン問題は科学の力の弱さにある」と

和田先生をして嘆かせた要因の一つになった。毒物を専門とする研究者たちの報告より新聞記者によるペンの力の方が影響力を発揮したのである。

専門家の間ではダイオキシンの毒性が弱いことは周知の事実

数年前、静岡で日本免疫毒性学会が開かれダイオキシンの発表が続いた。学会の会場ではダイオキシンにはほとんど毒性がないということを前提に話が進んでいて、ダイオキシンの毒性が弱いという発表があっても会場からはほとんど質問もない。みんな当然のような顔をして聞いておられる。

しかし、その会場から一歩でも外に出るとダイオキシンが未だに猛毒であることが常識である。

あまりに変ではないか。

日本免疫毒性学会はその道の専門家の集まりであり、一歩外に出て会う人は毒物についてはほとんど知らない人たちだ。ほとんど知らない人たちが専門家の言うことがおかしいと言っているわけだから奇妙である。

ダイオキシンが猛毒だとなぜ信じているのかと理由を訊くと、口を揃えて「新聞にそう書いてあったから、テレビでそう報道しているから」と答える。

もちろん一般の人はダイオキシンの研究をしているわけではないので、そうした人たちを非難するわけにはいかない。

しかし、仮に間違った報道を信じて他の人にもそれを宣伝していくとなると問題である。ダイオキシンはいわば魔女狩りの魔女に仕立てられ、不当に攻撃、排斥されることになるからだ。

ダイオキシン対策のために使われた費用の莫大さ

ダイオキシンの騒ぎが起こった直後、多くの自治体はごみ焼却炉をお金をかけて改造した。どういう改造をしたかというと、焼却炉を燃やしている時にはあまりダイオキシンは出ないのだが、ちょうど運転を止める時に温度が下がってくるので、その時にダイオキシンが生成される。そこで非常に速い速度で炉を冷やす装置を取り付けたりした。

ダイオキシンのために焼却炉を改造する、それに国が用意したお金は毎年600億円～1800億円に上った。それが10年以上続き、必要もない施設に巨額の税金が投入されたのである。

図表2-8は国庫補助額の「本当の図」、図表2-9は「公表されている図」である。真実と偽装を比較するために用意してみた。

ダイオキシン対策に国は95年から毎年600億円～1800億円もの税金を使ってきたが、それを直接、国民がわかるのはまずいと考えたのではないだろうか。

焼却とガス処理を別々の棒グラフにした。そうすると経費が分割されるので見かけ上は金額が少なく見える。次に、600億円と書けばいいところを60と書いて、単位を10億円にする。そうするとパッと見ると10分の1程度に見える錯覚効果がある。

図表2-8　国庫補助額の本当の姿

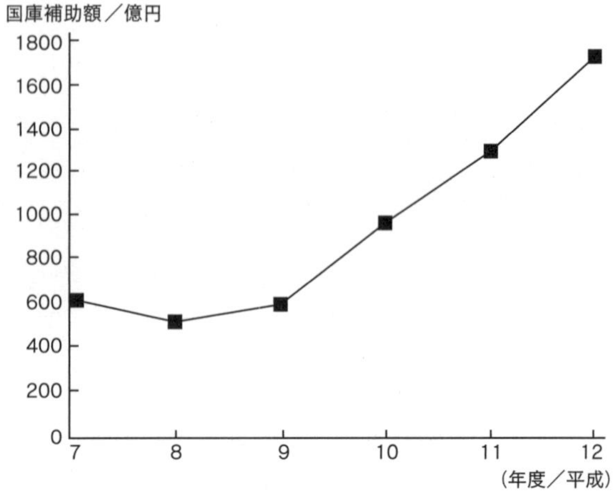

図表2-9　国庫補助額の公表の姿

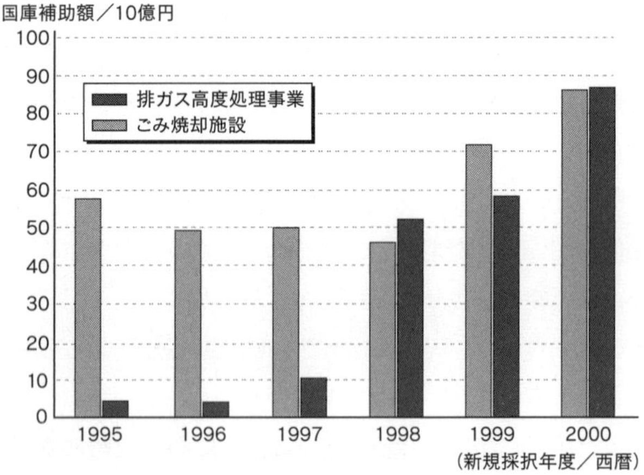

まことに芸が細かい。

そこまで勘ぐるのはどうかと思う人もいるだろう。しかし、環境関係のデータを見続けている筆者にとってはどれもこれも似た加工が施されているように感じる。いい加減にしてほしいと言いたいぐらいわかりにくい数値ばかりである。民主主義国家ならば国民にわかって貰うのが大切なはずなのに、何とか国民に正しいことがわからないようにと一生懸命な様子に映るのである。

多くの人を不安に陥れた ダイオキシン報道の罪

筆者が「ダイオキシンの毒性は非常に弱い」ということを言うと、実際にダイオキシンの被害に遭った人たちがいるではないかと必ず3つの反論が来る。

1つはベトナムのベトちゃんとドクちゃんが、あのような形で生を受けたのはダイオキシンが原因ではないかという反論である。

2つ目は最近のことで、ウクライナの大統領選挙で候補者になったユシチェンコ氏はダイオキシンによる毒殺を企てられて顔にブツブツができていたではないか、ということだ。

そして3つ目はダイオキシンについてよく勉強した人が、「イタリア北部の都市、セベソで1976年に起こった化学工場の爆発事故で発疹やかぶれなどの被害が出ていることをどう考えるのか」というものである。

この3つがダイオキシンは毒性が強いという神話を支えている。

筆者はまず、「それほどの毒性ならなぜ日本人には一人もダイオキシンの患者さんがいないのか、焼却炉で働いていた人もおられ、30年間焼却炉の中で働いていた人は大量のダイオキシンを長い間吸っていたはずだ。その人たちはなぜ健康なのか」と訊く。それというのも筆者は次のような経験をしたからである。

一度、九州のとある市で講演した時のことである。ダイオキシンの毒性は比較的弱いという話をしたところ、講演が終わった後にすぐ手が挙がり、一人の方が次のように言った。

「私は市の焼却炉で、学校を出てから30年間仕事をしてきました。現在では焼却灰にダイオキシンが含まれていると言われているので、宇宙服のような服を着て焼却炉の中に入りますが、私が若い頃は普通の作業服で焼却炉の中に入り、焼却灰などの片付けをしていました。

ある時、ダイオキシン報道が始まり、ダイオキシンを吸うとすぐ死ぬというような報道もあり、必ずガンになってしまうということも言われていました。普通の人が浴びている量の1万倍以上もの量に30年間も接してきたので、私は必ず死ぬと思っていました。怖くて怖くて最初は夜も寝られないような気分でした。しかしご覧のとおり、現在私はピンピンしており健康そのものです。（ダイオキシンの報道以来）ずっと不安な生活を送ってきましたが、今日先生の話を聞いてやっと安心して眠れます」

自分の講演もときには人のためになるのだなとうれしく思ったが、実に酷い話である。

誰も病気になっていないのに、毒性が強い、すぐ死ぬ、と騒ぎ立てて多くの人を不安に陥れる。患者さんが出れば怖さの程度もわかるが、一人の患者さんもいないのでみんなが心配になる。

これは一種の恫喝であり、犯罪である。

ダイオキシン危険説への反駁

話が少し逸れたが、ダイオキシンの毒性が強いと思っている人が信じる3つの理由を、不安の念にさいなまれている人のためにも、それぞれ反駁していきたい。

まず、ベトナムのベトちゃんとドクちゃんの話だが、まず確認しておきたいのがイラン、イラクから、インド、そしてインドネシアにわたる熱帯地方の一部には、昔から遺伝的に体がくっついた状態で子供が生まれる傾向が見られることだ。ベトちゃんドクちゃんには可愛そうだが、そういう一般的な傾向の中で生まれてきた子供だという可能性は排除できない。

遺伝的な奇形というのはいろいろな原因が積み重なった結果生じる。例えば、お母さんが高齢であるとか、摂取する酒量が多いとか、そういったことだけでも奇形児が生まれる可能性がある。人間は受精してから五体満足な人間として生まれるために多くの危険性が存在する。一つの例を持ってきて、その人の原因を特定するということは本来できない。

確かにテレビで、日本で治療を受けるベトちゃんドクちゃんのかわいそうな姿を見せてダイオキシンが原因だと報道されると、そう思ってしまいがちだが、科学的に考えれば、奇形の人が生まれる原因がどういうものであったかを特定することは大変に難しい。

また、枯葉剤はベトナム全土にわたって散布されたのに、なぜベトちゃんドクちゃんだけがいつまでも出てくるのか、それを考えれば根拠の薄いことがわかるだろう。

ダイオキシンの明確な被害者としては歴史的にも「高濃度曝露労働者や軍人」などの例が多い。ベトナム枯葉作戦従軍者、ドイツBASF事故曝露者、アメリカ、ドイツ、オランダ、オーストリア農薬製造者、そしてセベソの事故の曝露者である。

この中でベトナム枯葉作戦従軍者について1984年から1988年にかけてまとまった調査が行われていて、ガンの発生率が僅かに高いとされているが、原因はダイオキシンではないとも言われる。タバコのように大衆的な嗜好品ならば数字も出るのだが、ダイオキシンの毒性や発ガン性は条件を精査できないので、ダイオキシンと被害の因果関係はよくわからない部分が多い。

次にウクライナの大統領選挙のユシチェンコ氏の顔のことである。ユシチェンコ氏の顔に突然、隆起物ができたが、あのブツブツは塩素系の薬物でできる塩素ざ瘡（クロロアクネ）と言われるものに似ている。しかし、まず普通に考えれば農薬が原因だろう。おそらく、選挙の関係で、食品の中に塩素系の農薬を入れられたり、もしくは塩素系の農薬を少量注射されたりしたのかもしれない。

この事件でややこしいのが、塩素系の農薬の中には少量のダイオキシンも含まれているのでユシチェンコ氏の血液を調べればダイオキシンが検出されるということである。つまり、この事件の場合、塩素系農薬が原因とすればそうなるし、ダイオキシンが原因と考えればそうもなる。

ユシチェンコ氏の顔とスイスの病院でユシチェンコ氏の血液を分析したところ、血液からダイオキシンが検査されたという報道をした。この時にも専門家が、「おそらくあれは塩素系の農薬が原因だ。塩素系の農薬の中にはダイオキシンが少量含まれているので、ブツブツをつくったのは塩素系の農薬だろう。また塩素系農薬にはダイオキシンが含まれているので、ダイオキシンを分析すれば出てくる可能性はある」と発言すればそれで終わっていたかもしれない。

人間は最初にある犯人を知らずに決めつけており、犯人を犯人たらしめる条件と自分の思っている仮説が一致するならば、その犯人説に自信を深め、自己強化していく、という堂々巡りの論理を展開しがちである。この場合もそういう「堂々巡りの論理」がそのまま成立した例であろう。

「あなたの子供には奇形児が生まれる」という脅迫

三番目は1976年に起こったイタリアのセベソの事件である。

その年、イタリアのセベソという町で化学工場が事故を起こした。その工場は塩素系の農薬を製造していたため、それが飛散するとともに、その中に含まれていたダイオキシンが町中に降り注いだ。

その量はきわめて多く、たった人口1万7000人の都市なのに、1年間に日本中で発生するダイオキシンと同じほどの量、つまり5キログラムから20キログラムだったと言われる。

ダイオキシンの致死量が報道された通りなら、数億人の人が死亡する量だと推測されていたから1万7000人のセベソの住民はすべて全滅するのではないかと危惧された。

しかし、現実には明らかな慢性疾患も、もちろん死亡者も出なかった。当時はダイオキシンというのは、猛毒の可能性があると疑われていたので、国際的な医師団が入って毎年、追跡健康診断が行われた。

その結果は、ヨーロッパのインターネットページに掲載されていた。驚いたことに日本の新聞には大きな被害があったと報道されているにもかかわらず、インターネットページに掲載されている健康診断の結果では、犠牲者や病人は1人も出ていない。女性の皮下脂肪にダイオキシンが少し蓄積されているという報告があったが、その女性から生まれる子どもには何も問題はなかった。

しかし、哀れだったのは、周囲から「あなたが産む子どもには奇形児が生まれる」と脅かされた女性とそのお腹の子供だった。奇形児を産むのを恐れて堕ろした妊婦が多かったからである。公式に認められている女性だけで40人もいる。

しかし、それは氷山の一角と言われている。胎児も人間だから「偽装されたダイオキシン報道による大量殺人」と言っても良い。

ダイオキシンの毒性は弱いので健康な子どもが生まれたと思われるのに、周囲の批判から子供を産めなくなり妊婦を中絶に追い込んだこの事件は、ヨーロッパ中世の魔女狩りを想起させる。

情報操作のケーススタディとしてのダイオキシン問題

このイタリアのセベソの話には後日談がある。平成13年に『いのちの地球　ダイオキシンの夏』というダイオキシンをテーマにした環境啓蒙目的のアニメーション映画が日本で制作された。この映画の宣伝がある新聞に載っていた。

「イタリアのセベソで工場の爆発事故が発生し、次々と多くの障害が出たので、11歳の少女が友だちと少年探偵団を結成し、日本人ジャーナリストの人と共に事故を起こした工場に行き、みんなを助けようとした」という趣旨が書かれていた。

筆者はその記事を見て新聞社に電話をし、「これは物語といっても実際にイタリアで起こったことを対象にしていますし、あまりに事実とかけ離れているのでこの作品はあまり宣伝しない方がいいのではないですか」と言った。しかし、この映画は文部科学省の選定となって多くの児童や生徒がこの映画を観ることになる。

人間の被害がゼロだったセベソの事件が環境汚染の典型として文部科学省の選定となり、多くの子供たちが観るというのは一体どういうことだろうか。

太平洋戦争が始まる前に、戦争を賛美する映画がずいぶんつくられた。戦争は国家間の衝突であり、庶民はそれに巻き込まれざるを得ない面はあるものの、大変に悲惨なもので多くの人が死に、悲痛な思いをするものだ。ただ、それを映画にしてある局面だけを切り取って美化した作品をつくれば、戦争とはこんなにかっこいいものなのかと若者を錯覚させることもできる。

木下恵介が監督し、高峰秀子が主演した『二十四の瞳』という映画では、当時軍事一色の世界で「軍人になりたい」と希望する小学生が兵士として出征し、そのまま若い人生を終えてしまう悲惨さが見事に描かれている。

虚偽の情報を流し、人の幻想を誤った方向に膨らますのは罪深いことである。

このような多くのトリックが「ダイオキシンは猛毒である」という思い込みを社会につくった。ダイオキシンという名前は日本の全国民が知るところとなり、そして1人の犠牲者も発生していないのに猛毒に仕立て上げられた。

テレビ朝日ダイオキシン訴訟で勝訴の最高裁判決後、記者会見をする農家側の金子哲原告団長（左）。

不安に脅えて母乳を赤ちゃんにあげることすらできない母親も現れた。我が子にダイオキシンの害が及ばないかと心がちぎれるような夜を過ごした可愛そうな母親——。

「サスペンス」というのは物事が決まらない時の宙づり状態の不安を言う。そんな状態が人間には一番しんどい。

それでも報道は正当性を主張する。

ダイオキシンの報道で、ついに訴訟にもなったあの有名な所沢産のホウレンソウ事件について触れておきたい。この報道がウソだったことはすでに最高裁で決着がついているが、一般的にはまだ所沢のホウレンソウがダイオキシンに汚染されていたと思っている人がいる。ホウレンソウをつくっていた人の悔しさも晴らしたい。

この虚偽の報道は、最高裁で報道側のテレビ朝日に敗訴判決が下されている。それでも新聞は次のように社説で言い訳をした。

「確かに所沢のホウレンソウ事件の報道は嘘だったかもしれない、しかし、それをきっかけに人々がダイオキシンについて多く知るところとなり、注意が払われることによってダイオキシンの規制が行われたのだから、このくらいの報道は許されるのではないか」

事実は事実のまま伝えなければいけない。もし事実を変えても結果が良ければ良いというのであれば、結果的に良いと予想されるならばどんどん人に嘘をつけばいいということになる。そのようなメディアの規範は決して認められるものではない。

環境ホルモンという恐怖物質の登場

ダイオキシンとほとんど同じことが「環境ホルモン」「塩ビ」「農薬」などでも起こってきた。

前に、「環境ホルモン」報道の状態をダイオキシン報道と一緒に図表2-7で示したが、これは1996年頃に猛烈に報道され、今ではまったくと言っていいほど報道されなくなった「環境破壊物質」のことである。

生物にホルモン的作用を起こしたり、逆に阻害する化学物質を「内分泌攪乱物質」と呼ぶが、あるマスコミの記者が「環境ホルモン」という造語を考え出し、これが人口に膾炙した。なにしろ男が女のようになり、精子が減り、人口が減少するというのだ。

確かに最近の日本社会では女性に対して相対的に男性が弱くなってきたようにも見える。それに精子が減っているという研究データも発表された。おまけに人口も減少している。環境ホルモンの影響と社会現象がピッタリ一致したのである。

男の子を持つお母さんはビックリした。食物からダイオキシンを摂取すれば奇形児が生まれる、母乳を与えればダイオキシンで将来、子供がガンになる、おまけに環境ホルモンのせいで息子がいても孫が生まれない、もしかすると性同一性障害になって苦しむかもしれない――。こうした不安を抱いても決して不思議ではない。

今ではすっかり報道されなくなった環境ホルモンとは一体なんだったのだろうか。

例えば、魚ではオスとメスがあまりはっきりしていない種がある。10匹ぐらいが集団で生活していると、だいたいそのうちの1匹がオスである。しかし、このオスは最初からオスとして生まれたわけではなくて、メスがオスになった魚であることもある。群れを守るためには戦う魚が必要だから1匹はオスになるとも言われる。

仮に群れが敵に襲われ、そのオスが戦って死ぬと、残りの9匹の魚のうち、一番体が大きいメスがオスに性転換する。だいたい1週間で体も全部変わって雄になる。このように動物では

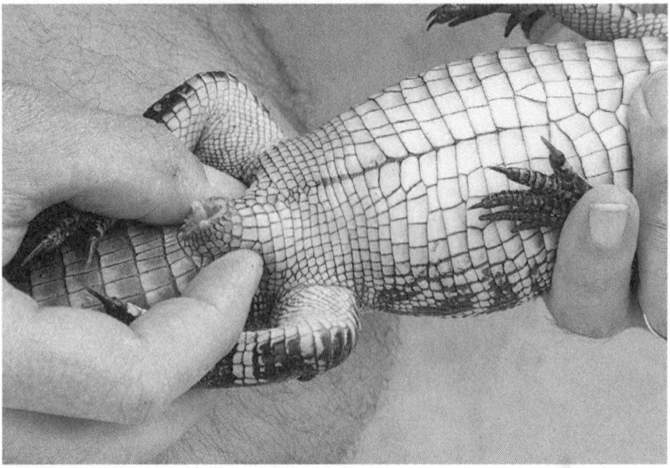

米国アポプカ湖で行われたオスワニを対象とする環境ホルモン調査（このワニの生殖器は正常）。

オスとメスがはっきりと区別されていないものもおり、さらに下等生物になると雌雄同体もいる。危険が差し迫ってくるとオスとメスに分かれるという生物も珍しくない。

ところが、人間は誕生時に女性と男性という性別がはっきりしていて、生を受けてから男性が女性に変わったり、女性が男性になったりするということはほとんどない。こんなことは生物学では初歩的なことで専門家はわかっているのだが、悪用された。

まず学者の研究が紹介される。最近、日本の男子の精子の数が少なくなったとか、男性が女性化しつつあるなどと報道される。次に、毎日のようにテレビでは動物の性器を撮影して、オスがメス化しているという「証拠」を突きつける。

それも弁当箱の材料から環境ホルモンが出るというのだから、男の子を持つ母親はお弁当をつくるのもビクビクものだった。その頃、私の家内もお弁当をつくる時に「これ、大丈夫？」とよく私に訊いていた。

オスとメスが入れ替わる魚の集団があることは小学校の教科書の副読本に書いてあるぐらいのものであるが、この世の中は情報が非常に歪んで伝わり、小学生でもわかるような内容に大人もすっかり騙されるようになっている。

結局、この環境ホルモンというのはどういうことだったのだろうか。

まず、学問的に精子の減少は否定された。

全体的に減少しているというのではなく、もともと精子の少ない男性の精子数を数えて報告していただけだった。男性によっては精子の少ない人もいる。そうした人だけを調べたらそういう結果にもなる。

さらにこの環境ホルモン事件の全体としてみれば、広い自然界で正常に育っていない動物は多い。そうした動物をピックアップして報道しただけだった。

現代は化学物質が過剰に溢れている時代である。それが人間の健康に影響を与える可能性は否定できない。慎重に環境を汚染しないように進めていかなければならない。

だからといって科学の姿を借りて「ウソをついても良い」ということにはならないはずだ。本当に問題なら真実を明らかにしていけば良いからだ。

「ウソをついたから改善されたのだ」という論理は、「自分が正義だと思うことなら何をしても良い」という利己的な社会をつくるだろう。

タバコは税金を取るから ダイオキシンは発生しない？

タバコを吸う人でダイオキシンを怖がっている人はいないのではないか。なぜなら、タバコというのは肺ガンの原因になるとも心配されているが、それよりも口の側でたき火をしているようなものなので、少量にせよダイオキシンが出る。

もしダイオキシンが猛毒なら、タバコを1日6本吸えば基準値を上回る。ところが、タバコを1日に20本吸う人もダイオキシンの摂取によって現れるような症状がない。

筆者が埼玉県で講演をした時のことである。たき火をすると文句が来るという話が出た時、講演会を聞いていたある人が、頓智の効いた話をしてくれた。

「先生、タバコは税金を取るから、ダイオキシンは発生しないんですよ」

いや実に、ウィットが効いている。つまり、タバコもたき火も、有機物を焼くわけだからダイオキシンが出るが、タバコは税金が取れるからダイオキシンが出ない、たき火は税金にならないから禁止とするのに抵抗がないということなのである。

つまり、ダイオキシンは「本当の毒物」とは言えず、「政治的毒物」とも言えるものなのだ。

1970年まで遡るが、東京都の新宿で牛込柳町の交差点付近で「鉛中毒」が発生したという記事が大新聞に掲載された。この交差点は常に交通渋滞しており、車が排気ガスをまき散らしていた。当時、ガソリンに四エチル鉛という鉛の化合物を入れていたので、一気に注目されるようになった。有名な「牛込柳町の鉛中毒事件」である。

その記事の見出しには「蓄積、普通人の7倍」「25％が職業病なみ」となっていた。

文京区の医療生活協同組合の医師団が、付近の住民の血液検査をして、労災の補償基準である鉛の量を超えていると発表した。そして5月26日には新聞の見出しに「廃業して逃げたい」、5月30日には「警視庁、柳町公害で対策」、6月1日「今夜、住民大会開く」、6月2日「返せ空気を　晴らせ苦痛を、『なぜ鉛を絶滅できぬ　怒りの住民大会』」、6月9日「対策にキメ手つかめず」、6月28日「“最悪”ではないが“深刻”」などという過激なタイトルが続いた。

数年にわたってこの報道は続けられた。

「牛込柳町には鉛が多い、そこの住民は鉛で苦しんだ、だから自動車から鉛を追放しなければならない」と誰もが信じるようになった。

ところが事実は違った。

東京都は牛込柳町の告発を受けて環境測定、住民検査を行ったが、何も問題はなかった。大気中の鉛はそれほど多くなかったし、住民の検診でも血液中の鉛は通常の量とは変わりなかった。驚くべきことに、体が不調だとか、苦しんでいるという人自体がいなかったのである。

1972年5月21日、最初の報道から約2年後の新聞には、「異常なしに安心、目下の関心は再開発」との見出しに変わった。報道が間違っていたとは書いていない。

「晴らせ苦痛を」という見出しは一体なんだったのだろうか。火のないところに無理矢理、煙を立てるというようなもので、騒いだら何かになると考えたのだろうか。

しかし、私はこの牛込柳町の事件で新聞は味を占めたのではないかと思っている。ウソをついても大丈夫だ、事実を確かめずに報道しても良い。そして、それが後で間違いだとわかっても「結果的に鉛に対する認識が高まったから良いじゃないか」という論法を使う癖がついたようである。新聞とは何と気楽な商売だろうか。ウソをついても糾弾されない。

正しい認識は正しい情報からつくられる。間違った情報はいつまで経っても正しい認識には結びつかない。

毒性の強いPCBを強引に ダイオキシン類に入れた理由

ダイオキシンについてもマスコミは訂正報道をしない。しかし、あれほど騒いだのだから非難されると恐れたのかもしれない。そこで、従来ダイオキシンと言っていないもの、すなわち「PCB（ポリ塩化ビフェニル）をダイオキシンに分類すること」にした。

図表2-10　ダイオキシンとPCBの構造の違い

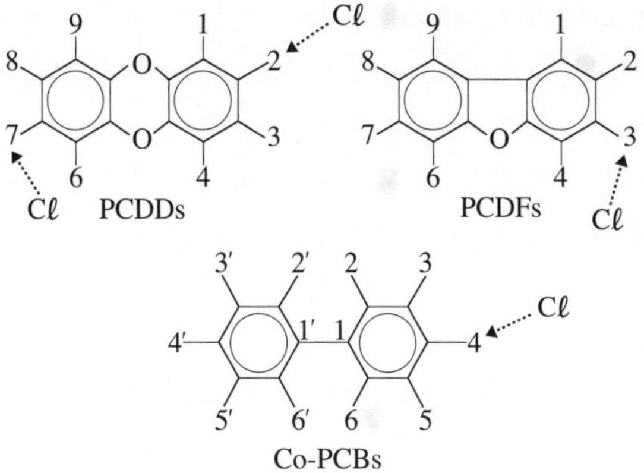

PCBは明確な毒性を持っている。そこでPCBの一部の毒性の高いものをダイオキシン類の中に入れた。

学問的には、ダイオキシンはベンゼン環という「亀の甲」のような形のものが二つ並んでおり、その間を二つの酸素が結びついて、二本の橋でつながっている。具体的には、PCDD（ポリ塩化ジベンゾパラジオキシン）やPCDF（ポリ塩化ジベンゾフラン）の総称である。しかし、PCBの場合は亀の甲の間に酸素はなく、亀の甲が一本の橋で繋がっているだけで、亀の甲がダイオキシン同様に平面に並んでいる。

学問的には、PCBとダイオキシンは化合物としての構造が異なる全く別の物質として扱われる。従って、学問的にはPCBをダイオキシンと言うことはできないが、法律上は学問に関係なく、構造的に少しでも似た部分を言及してPCBをダイオキシンの中に入れてしまえば済む。

世界保健機構（WHO）がCo-PCB（コプラナーポリ塩化ビフェニール）をダイオキシン類に分類したのを受けて、日本でも法律上、ダイオキシン類の中に入れている。

その結果、先日あるテレビ番組を見ていたらカネミ油症事件の報道で、ダイオキシンが原因していると報道していた。カネミ油症事件はPCBが原因で起こったとされ、「猛毒PCB」の処理に膨大なお金を使っていたが、それははっきりしないまま、PCBをダイオキシンと呼ぶことにしたのでカネミ油症事件の被害はダイオキシンの被害ということになってしまった。

今や国民はPCBが危ないのか、ダイオキシンが危険なのか、それとも2つとも「政治的毒物」なのかすらわからなくなってしまった。

リサイクルを進める時には「焼却すると毒物が出るからリサイクルしよう」と言い、リサイクルが上手くいかないと「焼却をサーマル・リサイクル（廃棄物の焼却の際の排熱を回収して、利用する方法）とする」と変える。

ダイオキシンの毒性が低いとわかると責任を取らされるからPCBをダイオキシンに入れて、PCBの事件をダイオキシンの事件にすり替える。しかし、日本人もさすがに昔ほどお人好しではなくなっている。こんなことを続けて国民をいつまで騙し通せるのだろうか。

毒物で死なずに報道で殺される人たち

ダイオキシン、環境ホルモン、チクロ、魚の焦げ、塩ビ……みんな毒性はほとんどないか、きわめて弱いものだらけである。しかし、多くの日本人は未だに猛毒であったり発ガン性があると思っている。ときにはこれらにビクビクして生活をし、不買運動などもした。

ダイオキシンが危ないと言われるので子供を堕ろしたり、心配で母乳をやれなかった母親やこの世に誕生することができなかった子供がいる。

騒げば儲かる、騒ぐのは正義だという行動がどんな結果を招くか。

このような報道は、「故意の誤報」と呼ぶことができるだろう。そして「故意の誤報」によって無惨な死を遂げた例を二つ示したい。誤報で死んだ人はさぞ無念だっただろう。

2002年に北海道で狂牛病騒ぎが起こった。狂牛病は注意しなければならないけれど、1万頭ぐらいの牛が狂牛病になってそれを気づかずに食べていると、1人ぐらいが感染するという非常に人間への感染力の弱い病気である。しかし、その時も「幻の恐怖」がつくり出された。日本で公式的には一人も狂牛病にかかった人もいないし、まして死者も出ていないのに「犠牲者」だけが出た。

2002年5月14日の新聞は狂牛病のはじめての犠牲者を次のよ

うに報じている。

「北海道音別町の乳牛が国内4頭目のBSE（牛海綿状脳症、狂牛病）と確認された問題で、この牛の生体検査を担当した釧路保健所（荒田吉彦所長）勤務で獣医師の女性職員（29）が、釧路市の自宅で自殺していたことが、13日分かった。

同保健所などによると12日午前10時ごろ、職員が出勤しないため様子を見に行った同僚が、死亡しているのを見つけた。「獣医師として至らないところがあって、ごめんなさい」とメモが残されていたという」

自殺したこの若き獣医さんは真面目な人で責任感も人一倍強かったのだろう。狂牛病に感染している牛を狂牛病と診断できなかったことに責任を感じたあまり自ら命を絶った。

続いて、9月25日。今度は北海道の冷凍食品加工会社社長が「狂牛病のあおりを受け、経営が苦しい」という遺書を残して自殺した。日本人に犠牲者が出るはずのない状況のもとで、2人の命が奪われた。奪ったのは報道だ。

同じことが繰り返される。

2004年の3月。今度は鳥インフルエンザで犠牲者が出た。

「3月8日、午前7時50分ごろ、鳥インフルエンザ感染が発覚した京都府丹波町の養鶏場「船井農場」の経営者、浅田肇会長（67）と妻の知佐子さん（64）が木にロープをかけて首をつっているのを従業員が見つけ、110番した。二人は間もなく死亡が確認された。兵庫県警姫路署は自殺とみて調べている。

調べによると、二人は高さ約8メートルの木にロープをかけ背中合わせで首をつっていたという。浅田会長は同社の緑色の作業着姿で、知佐子さんはグレーのジャケットを着ていた。自宅の台所に「大変ご迷惑をおかけしました」と書かれたメモが見つかった。

同農場をめぐっては2月27日、京都府が立ち入り調査を実施し、鳥インフルエンザウイルスの陽性が判明している。浅田会長らはニワトリの大量死を知りながら、すぐに通報しなかったなどとして批判を浴びていた。(「読売新聞」2004年3月8日)」

これはもはや自殺ではなく、他殺である。

年老いて実直だった経営者夫妻は自殺する前日、3月7日の記者会見で「船井農場が鳥インフルエンザの発生を隠したのではないか。なぜ、自治体への連絡が遅れたのか?」と責められた。せっぱ詰まった経営者は隣の弁護士に「先生、どうしましょうか?」と聞いていたという。

この経営者にも少しは非があったかもしれない。しかし、該当する「家畜伝染予防法」の最高刑は3年以下の懲役か100万円以下の罰金である。それを殺人犯のように責めて死に追い込む。

これが殺人でなく何だろうか。

無念だっただろう、と私は思う。日本は何と不当で陰湿な社会になってしまったのだろうか。

第3章

地球温暖化で頻発する故意の誤報

地球温暖化騒ぎの元になった
そもそもの仮想記事とは

最近でこそどこかしらの新聞・雑誌やテレビのニュースで取り上げられない日はない程の地球温暖化問題だが、この話題はいつ頃から報道され始めたのだろうか。

遡ること今から約23年前の1984年の元旦、多くの人が新聞をゆっくり見る日に朝日新聞に次のような見出しの記事が出された。

「海面上昇で山間へ遷都計画」
「6兆円かけて20年がかり」
「脱出進み23区人口半減」

その記事には、「首都に迫る海。警戒水位まであと1メートルに」というコメントがついた「架空」の航空写真が大きく掲載され、今にも東京が沈没するような印象を与えていた。

「世界の平均気温は50年前の15度から18度に上がり、この結果として極地の氷の融解が加速度的に進むことによって海岸都市の一部が水没する」

実はこの記事は「50年後の2034年1月1日の新聞にこのような記事が載るだろう」という但し書きが載っているが、実際には元旦からびっくり仰天させるのが目的のシミュレーション記事だった。

気温が上がると極地の氷、つまり北極や南極の氷が溶けて海水面が上がり、東京が水浸しになって山間部へ首都を遷さなけ

図表3-1　朝日新聞1984年1月1日

海面上昇で山間へ遷都計画

6兆円かけて20年がかかり

脱出進み人口半減

ればならなくなったという話になっている。写真は衝撃的な光景を伝え、遷都には6兆円、時間は20年かかるというのである。

見出しには仮想の物語であることの記載はどこにもない。だから、この記事を見た人は一時的にであれ地球温暖化で海水面が上がってきて、今にも東京が水浸しになると錯覚したに違いない。

これが、その後の「地球温暖化騒ぎ」の元になった記事だった。

この記事では50年間に3度気温が上がるということになっているが、記事が掲載された1984年までの50年間に地球の気温が何度上がったかというと僅かに0.2度だった。いくら予測だといっても次の50年間に上昇する気温を15倍にするのはどうか。

図表3-2　北半球の平均気温と太陽風の変化

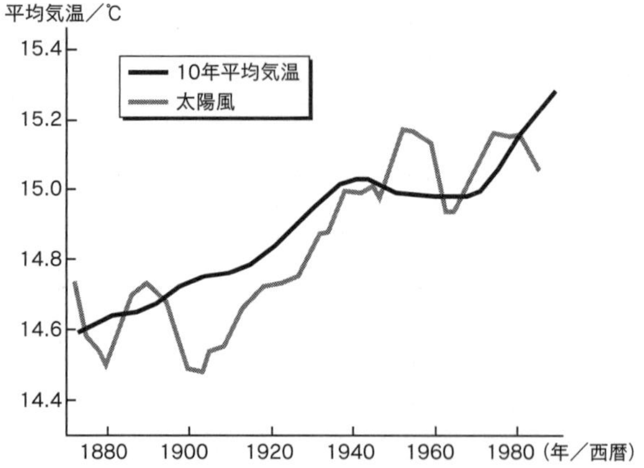

間違いはそれだけではない。20世紀に入って地球の気温が少しずつ上昇しているのは確かだが、上がり方はそれほど一様ではない。20世紀の前半は気温が上昇しているが、ほとんど二酸化炭素は増えていなかった。

図表3-2をよく見ると、1940年までは気温が上昇しているが、1940年からの30年間は気温が低下して「冷夏」が続き、作物の不作が問題になっていた。その頃も二酸化炭素は同じペースで増えている。

記事の出た頃は気温の上昇が人間の排出する温暖化ガスによるものだとする説と、このグラフの灰色の線で示したように太陽の活動が盛んになって、太陽風が強くなりその分だけエネルギーが地上に達しているのではないかという両説があった。しかし、記事にはそのような表現はまったく見られない。

マスコミには守らなければならない大原則がある。もちろんその一つは「事実を報道すること」だが、もう一つは「異なる見解がある時には片方だけを報道してはいけない」ということだ。

残念ながら日本のマスコミと言われるところで、本当にこの大原則を守っているところは少ない。

アメリカが京都議定書を批准しなかったり、発展途上国が地球温暖化に非協力的だったりすることに対し、日本では「理解ができない」という声が多いが、もし双方からのバランスの取れた報道がなされていれば、そうした国の考えもよく理解できただろう。

南極大陸の気温はむしろ低下していた

他にもこの記事には決定的な誤報が含まれていた。

「世界の平均気温が上昇すると南極や北極の氷が溶けて海水面が上昇する」いう文章には事実と異なる二つの点が含まれている。

まず第一に、世界の平均気温が上昇していても、南極大陸の気温はむしろ下がっていた。つまり、1950年頃には、南極の気温はマイナス49.0度だったが、この記事が書かれた1984年頃は気温がマイナス49.5度まで下がり、最近ではマイナス50度に近づきつつあるという状態である。

図表3-3の線が南極での平均的な気温の変化だが、少しずつ

図表3-3　南極の気温変化

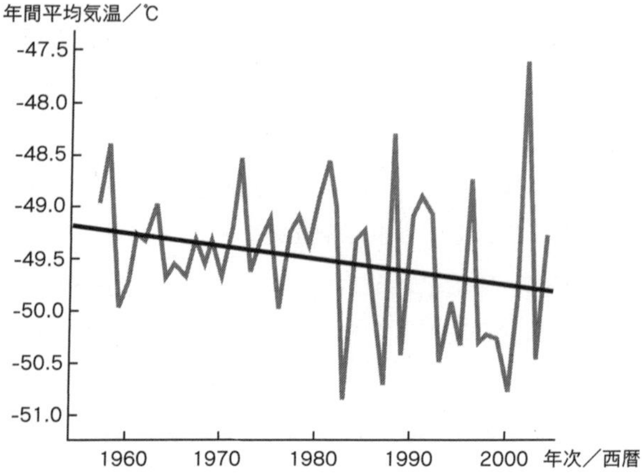

出所:NASA,GISS web site,Surface Temperature Analysis

低下している。つまり、南極は暖かくなっているどころか、記事の出た時も現在でもわずかだが冷たくなっているのである。

大新聞が紙面を割いた記事を出すのだから、十分にデータは調べられ、専門家のチェックもされているだろう。北半球の気温が上昇していても、南極大陸の気温が低下していることは知っていたはずである。

北極の氷が溶けて海水面が上がる などという言説がなぜまかり通るのか

誤報はそれだけではない。

記事には「北極の氷が溶けて海水面が上がる」と書いてあるが、北極の氷が溶けても海水面は絶対に上がらない。これは気温が高くなるとか低くなるとかいう問題ではなく、北極のように「水に浮いている氷」が溶けても水面の高さは変わらないという「アルキメデスの原理(浮力の原理)」があるからである。

今から2200年も前のこと、科学者として有名だったアルキメデスは、その国の王に「新しくつくった王様の冠がすべて金でできているのか、それとも誤魔化して金以外のものが入っているのか鑑定せよ」と命じられた。

そこでアルキメデスは考えに考え、遂に「浮力の原理」を発見した。これは、アルキメデスがお風呂に入っている時に自分の体が軽くなることに気が付き、裸のまま風呂屋から飛び出したという有名な話でよく知られている。

それ以来、科学が軽視された中世でもアルキメデスの原理が否定されたことはない。

北極のように、水の中に浮かんでいる氷が溶けても海水面が変わらないというのは、このアルキメデスの原理による。氷がなぜ水に浮いているかというと、水より同じ体積の氷の方が軽いからである。「軽い」ということは水が氷になる時に体積が大きくなるから軽くなる。

もし水が氷になる時に重たくなれば氷は下に沈むはずである。水に浮いた氷が溶けると、氷の体積が小さくなり、ちょうど海水面の上に顔を出している部分が体積としてはなくなる計算になる。

つまり、北極の氷が人間の目に見えるのは、水と比べて軽い部分だけが顔を出しているからである。

図表3-4　アルキメデスの横顔が描かれたフィールズ・メダル

3年くらい前に、テレビを見ていたら「北極の氷が溶けると海水面が上昇する」とテレビで報道をしていた。私はその報道を見てつくづく困ったなあと思った。私は大学で物理を担当しているので、アルキメデスの原理に関連する試験問題もつくるのだが、これほど露骨にテレビで間違ったことを言われてしまうと試験に出すのにも一瞬ためらう。

高校生は言うまでもないが、大学生でもテレビが言うことは正しいと思ってしまうだろう。さらにもしテレビに専門家が出ていたら手に負えない。

いくら科学のことだから難しいといっても中学校1年生で学ぶアルキメデスの原理に反することを白昼堂々、何十万という人が見ているテレビで長い間放送されるのだから日本も相当にいかれてしまった。

南極の周りの気温が高くなると、僅かだが海水面は下がる

北極の氷は溶けても海水面に影響しないが、南極の方は少し厄介である。北極では氷は浮いているが、南極は大陸の上に氷が載っている。だから、気温が上がると氷が溶けて海水が増え、さらには海水面が上がると思うのも無理はない。

事実、「南極の氷が全部、溶けたら海水面は60メートル上がる」と言われる。南極の氷の量を計算して、それが水になったとすると確かに海水面は60メートルも上がる。これは「南極の氷が実に多い」ということを実感するには役立つが、実際にはそうはならない。南極付近が暖かくなると氷は逆に増える。

どこかが変われば、何かが変わる。環境は複雑系なので、それほど簡単なことではないのだ。

冷蔵庫を思い浮かべてほしい。冷蔵庫の中に暖かい湯気の出るようなお湯が入ったコップを入れると、そこから蒸気が出て、それが零度以下の所に「霜や氷」となってへばりつく。最近の冷蔵庫は霜や氷を自動的に取り除くようになっているが、昔の冷蔵庫では「霜取り」が大変だった。

このことからわかるように「どこかに零度以下のところがある場合、その近くにある水の温度が高い方が氷は多くできる」ということになる。地球が温暖化するということを聞いた時の私の第一感は「南極の氷は増えるな」というものだった。

つまり、南極大陸は平均してマイナス50度という非常に低

い温度なので、平均気温が1度ぐらい上がっても零度以下の場所が南極大陸全体に広がっている。南極大陸の周りの気温が上がり、海水温が上がれば水蒸気の量が増える。

もし風が海から大陸の方に吹いていたら、この増えた水蒸気は雪や氷となって南極大陸に積もるだろう。

ウィスキーの蒸留でも何でもそうだが、温度差をつけてものを移動しようとすれば温度差が大きい方が移動量は増える。氷ができる方はいつも零度以下だから、周囲の海水温が上がれば温度差が大きくなり水の移動量が増え、それが氷となって大陸に積もるわけである。

しかし、こちらはアルキメデスの原理のようにシンプルな原理だけでは決まらずに風の吹き方なども影響するので、国連の「気候変動に関する政府間パネル（IPCC：Intergovernmental Panel on Climate Change）」という機関の報告を調べてみよう。

少しややこしい名前の機関だが、通称IPCCの名で知られる世界の国がお金を出して国連につくった地球温暖化を専門に研究する機関である。

IPCCには3つの作業部会があり、世界有数の科学者が参加し、地球の温暖化が進んでいるのか、温暖化が進む原因は何か、そして地球の温暖化が進んだら何が起こるのかを日々、検討している。地球温暖化への対応を科学的にアドバイスするので影響力も大きい。

そのレポートには「北極の氷が溶けたら海水面がどうなるのか」ということはほとんど書いていない。なにしろアルキメデスの原理があるのにそんなことを専門家が議論する必要はないので、「関係ない」としている。

当然である。

南極の方はいろいろな角度から予測をしているが、平均的な予測としては「南極の周りの気温が高くなると、僅かだが海水面が下がる」という結論だ。

この話を大学の講義ですると、学生は一様に驚く。講義の後、ある学生が提出してきたレポートには、こうあった。

「自分が、どうして北極の氷が溶けたら海水面が上がるということを信じていたのかと考えて恥ずかしくなる。中学校時代にはアルキメデスの原理を勉強していたのに、テレビで地球温暖化によって北極の氷が溶け、海水面が上昇するというアルキメデスの原理に反する報道に接し、それをそのまま鵜呑みにしてしまった自分が情けない」

喫茶店に勤めているというある女子学生は、私の話を聞いてさっそくお店で実験をしたと言っていた。冷たい水を出す時のコップに氷を浮かべて、その氷が溶けるまで見ていたらやはり水位は変わらなかったと言ってきた。

学生は若くて頭も柔軟なのでテレビを見て先入観で頭が洗脳されていても、考え直す気力がある。しかし、少しご年配になると難しい。

「北極の氷が溶けたら海水面が上がるとテレビで言っていた。氷が溶ければそれは水面は上がるだろう」

こう言って譲らない。一般の方々の大多数は私が北極の氷が

図表3-5　同じ体積の水と氷では氷の方が軽い

溶けても海水面は変わらないと言っても、科学を信じるよりテレビの報道を信用する。

現実に南極は「気温が下がり気味でほとんど気温の変化はない」という状態だし、北極は氷が溶けても関係がない。だからもともと地球の気温が上がったからといって南極や北極の氷が溶けて海水面が上がるということはない。

地球が温暖化して海水面が上がるのは、厳密には極地の氷が溶けて上がるのではなく陸地と海の膨張率の差が大きいからである。IPCCの報告は図表3-6のようになっている。

図表3-6を見ると北極の氷は海水面の上下には影響がなく、ゼロになっている。アルキメデスの原理があるからこれは間違いようがない。南極の氷の影響は気象の関係があって難しい

図表3-6　国際機関が出した海水面の上下動の数値

報告年	単位	北極の海氷の影響	南極氷床の影響	すべての影響の合計
1900	cm/y	0	-0.0089	0.42
1995		n.a.	-0.0091	0.44
2001		0	-0.068	0.32

が、僅かだがマイナスだから、海水面は下がる。

北極と南極の氷の影響という点では、「地球が温暖化すると海水面は下がる」という見解になっているのである。

しかし、表の一番右側、すべての影響の合計を見ると全体としては上がるという結論である。これは温度が高くなると土より水の方が余計に膨脹するからである。

つまり、現代の科学でわかることは、地球が温暖化すると海水面が上がる可能性が高い。ただし、その理由は「北極や南極の氷が溶けるからではなく、海の水が膨脹するから」ということになる。

環境白書や新聞は地球温暖化問題をどう報じたか

日本政府がお金まで出して研究を委託しているIPCCの報告は日本にどう伝えられたのか。

IPCCの報告を日本語に訳している環境省の環境白書は、驚いたことに「地球が温暖化すると極地の氷が溶けて海水面が上がる」と書いてある。

環境省の日本語訳はIPCCの英語の原文とは全く逆になっていた。

これに憤慨した私の研究室の一人の学生が、さっそく環境省の係官に電話をした。

「IPCCの報告には、南極の氷も北極の氷も、ほとんど海水面の上昇には関係がないと書いてあるのに、環境白書には南極や北極の氷が溶けて海水面が上がると書いてありますが、これはどういう理由からですか」

環境省の役人は次のように答えたと、その学生は憤懣やるかたない様子で言っていた。

「IPCCの報告書が長かったので、それを短い文章にしたらこうなった」

確かにIPCCの報告書は英語で文章は長い。環境省の役人は英語ができなかったか、根気がなかったのだろうと解釈する他ない。筆者ぐらいの歳になると「役人はそんなものだ」と飲み込むことができるが、その学生は若い。中央官庁のキャリアが英語を日本語にきちんと訳さないなどということは怠慢だと怒るのも当然だ。

税金を使って日本の環境を守るのが環境省の仕事である。大学卒も多い。英語が読めない訳せないでは済まないのではないか。国民に正しい情報を与えるべき環境省が、自分がお金を出している研究機関のIPCCの報告を全く正反対に訳して国民に知らせている。

図表3-7は環境白書に書かれている文章を1980年からまとめ

図表3-7　環境白書に掲載された海水面上昇の記事

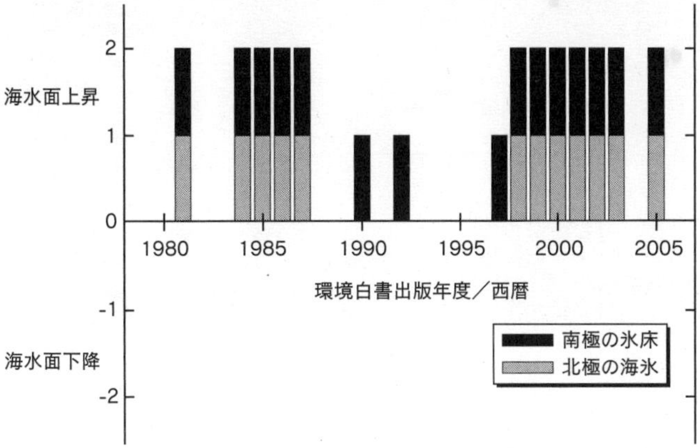

出所:環境省、環境白書（1980〜2005）

たものだ。ずっと毎回、北極と南極の氷が溶けたら海水面が上がるとしている。意図的なら詐欺であり、悪質な世論操作である。

なぜ新聞や検察はお役所に甘いのか。庶民の会社や個人の学者がこんな粉飾をしたら、それこそ徹底的に糾弾される。約20年にわたる粉飾、偽装なのだから、これが犯罪でなくて何だ、と言いたい。

「お国というところはもともと、国民なんかどうでもいいんですよ」

こう皮肉混じりに言う人もいる。それでは環境省を非難すべき庶民の味方、新聞はどうだろうか。

1984年から地球温暖化を大々的に報道してきた大新聞の報

図表3-8　新聞掲載の温暖化記事数

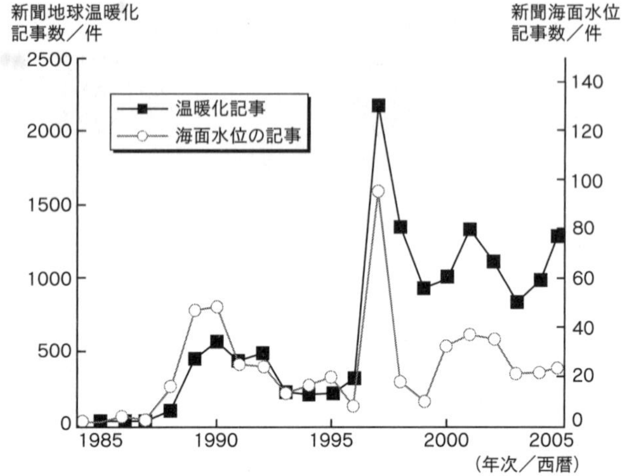

道記録を調べてみた。最近では新聞記事がデータベースとして電子化されているのですぐ整理できる。「温暖化」や「海水面上昇」というキーワードについてコンピュータで検索し、図表3-8としてまとめてみた。

1984年の元旦に朝日新聞が大々的に地球温暖化と海水面が上がるという架空の報道をして以来、1988年から地球温暖化に関する報道が急激に増えた。1年間の記事数は約500件だ。

そして、京都議定書が締結され、いよいよ地球温暖化が社会的問題になった1996年からは記事数は飛躍的に増え、次の年には実に1年間に2000件を越えるという事態になる。1日、5件以上の記事に遭遇するのだから洗脳もされようというものである。

さらにその記事のほとんどが「誤報」、つまり地球温暖化によって北極の氷や南極の氷が溶け、海水面の上昇の原因になると書いてある記事ばかりで、IPCCの報告通り「海水面は下がる」と書いてある記事はこの20年間で、たった4件だけだった。これには「新聞よ、お前もか！」と言う気もしない。

「故意の誤報」が起きる原因とは何か

自治体が地球温暖化について行っているアンケートを見ると、日本国民の大多数が「地球が温暖化すると北極の氷や南極の氷が溶けて海水面が上がる」と思い込んでいることがわかる。しかも一般国民はもちろん、地球温暖化と自分たちの学問が多少は関係のある専門学会でもそうした結果である。

私は多くの学会の中でもっとも権威のある学会の一つ、日本金属学会に「地球が温暖化した場合における南極や北極の氷の影響による海水面の変動」についてIPCC、環境白書、そして新聞にどのように記載されてきたかについての論文を出した。

私はもしかすると「事実を記載した論文」が「社会の常識と異なる」ことを理由に拒絶されるのではないかと学生に予め言っていた。しかし、さすがは日本金属学会だった。「社会的常識とは違うが、学問的論理的に正しければ論文にする」との返事があり、結局、この論文は認められて日本金属学会誌に掲載された。

私は救われた気がした。マスコミが事実と反対のことを報道したり、環境省が日本語訳を間違えても、その学会はそういう社会的な力とは関係なく、事実を正しく理解し、その論文を掲載するという見識がまだ残っていたからである。

新聞というのはもともと事実を書くのが仕事だったが、メディアの影響力が大きくなると「事実」より「正義」を前面に出し、彼らが「正義」と思えば、たとえ「事実」と違っていても構わないのだという風潮が蔓延してきている。

「事実がすべてであり、最優先される」という確信と信念のもとに働くことは、筆者の職業である科学の世界もメディアも同じはずだ。事実と違っても結果が良ければ良いなどということは科学の世界では口が裂けても言えない。

しかし、マスコミは地球温暖化でもそういう論法を採りかねない。つまり、「50年間に気温が3度上がるとか、極地の氷が溶けて海水面が上がるというのは事実としてそうならないかもしれない。ただ、それを契機に地球温暖化についての関心が高まったのだから評価されるべき」ということである。

このような「故意の誤報」が多くなるのは、一人ひとりの記者が原因というより、マスコミへ外部から圧力がかかっているからかもしれない。

環境省も同じである。

環境省というのは国民の環境を守ることが仕事なのだから、日本政府が国民の税金を出して研究を頼んだIPCCの研究結果に忠実に国民に伝えなければならない。

というより、IPCCの報告と違うことを発表する動機も理由もないはずである。しかし、環境白書にIPCCの報告と反対のことを書くのだから、これもまた「故意の誤報」であり、それには何か別の事情があると考えてもおかしくはない。

誰も環境を良くすることには反対できないために生じる運動

江戸時代の終わり、つまり幕末には多くの外国人が日本にやってきた。彼らは日本という国の文化が世界の他の国には見られない驚くべき特質が多いことに気が付いた。

その一つは「為政者が真面目」なことだった。ヨーロッパの王様もそうだったし、当時のアジア諸国の王も貴族も同じだったが、王族や貴族は庶民の幸福などはほとんど眼中になく、豪華な宮廷に住み、自分たちだけが庶民とは違う生活をしていた。

ところが日本では、殿様や士族のような支配階級の人たちがほとんど庶民と同じような生活をしていた。確かに殿様の家は庶民より立派だったし襖《ふすま》の絵も見事だが、畳の部屋には家具や金ぴかのものはほとんど何もなく、食事をする時には庶民と同じようにちゃぶ台を出してきてその上に料理を置く。それも決して華美ではない。

「民が豊かに、幸福になれば」と領民のことを考えている領主が多いことにも気が付いた。江戸時代の日本は実質的に「民主主義」だったのである。

それに比べると「現代の日本は民主主義ではない」と、東大の若手のある先生が言っていた。その理由は「民主主義ならば国民が主人である。従って、国民が最初にすべての情報に接しなければならないが、日本では政府やマスコミが情報をコントロールしている」面が大きい。だから日本は民主主義ではないとその先生は言う。

確かに、リサイクルもダイオキシンも、そして地球温暖化問題ですら日本の国民は真実を知らされない。

小泉首相時代に内閣府が行った全国各地のタウンミーティングでは政府の見解を肯定する「やらせ質問」が6割を越えたということが明るみになった。ここでは、もはや公の立場にある人間が情報を操作することに対する罪の意識はない。

人間は一度ウソをつくと、ウソをつくことが平気になり、また、ウソをついたことによって利益を得たりすると、さらに次もウソをつくようになる。本来は理想に燃えて、みんなで解決努力すべき環境問題なのに、なぜ「故意の誤報」が相次ぐのか。地球温暖化ばかりではなく、リサイクルも、ダイオキシンもそうなのはなぜか。

それはおそらく「環境がお金になる」からだろう。

誰も環境を改善するという主張や運動には反対しないし、反対できない。環境が良くなって悪いことはないからである。そこで、リサイクルしないとごみで溢れかえるとか、ダイオキシンは微量でも猛毒であるとか、地球が温暖化すると北極や南極の氷が溶けるとか、そういった事実とは違うニュースをつくり上げる。

それが一旦、新聞やテレビで報道されれば国民は慌てふためいて「税金を投じてでも、環境の破壊を防がなければならない」という合意が容易に得られる。

その後はさらに簡単である。合意が形成されているのだからまっしぐらに進めばいい。誰も「最初の情報が故意の誤報」であることなど気付かないか、忘れてしまう。そして「ゴミは分別すれば資源」などというような、これも事実と違うコピーが出回る。

故意の誤報と故意のキャンペーンによる最強のコンビができあがる。

容器包装リサイクルでは年間5000億円以上のお金が使われている。ダイオキシン対策費も膨大だった。地球温暖化では2兆円の税金が投じられるという。

庶民から見ると「取られる」お金だが、お金は取られる人だけがいるのではない。必ず「取る」人もいる。そして取られる人の数は日本国民全部だから約1億人だが、取る人の数は多く見積もっても数千人の規模である。仮に国民一人から1万円を取れば、それを貰う人が1万人でも一人1億円になる計算だ。

地球温暖化で一体、我々はどうすれば良いのか

地球が温暖化して極地の氷が溶けても心配ないのなら、地球温暖化など心配しなくてもいいのだろうか。

これほど多い誤報の中で生活していると「それでは、地球温暖化でどうすればいいのか」と訊かれても国民は即答できない。

なぜなら、前提となる情報自体が間違っているのだから。

そこで少し落ち着いて「地球温暖化を防ぐためにはどうすればいいか」「一体、地球温暖化は防がなければならないものなのか」の二つに分けて論点を整理したいと思う。

地球温暖化は二酸化炭素のような「温室効果ガス」が原因と考えられている。人類が誕生してから長い間、人間は自然と調和しながら生きてきたが、200年前から、石炭や石油を燃やして熱や電気を取り出し、それで生活をするようになってきた。

石油や石炭は炭素と水素でできているので、それと空気中の酸素が結合すると二酸化炭素と水ができる。だから石油や石炭を燃やした分だけ必ず二酸化炭素が生まれる。

もともと石炭は大昔の植物の遺骸、石油は動物の遺骸だから、もう命はないとはいえ、石炭や石油は樹木や動物を燃やしているのと原理的に変わりはない。

そして、燃やして出てくる二酸化炭素や水は、原則的に大昔の二酸化炭素や水と同じ量が出る。つまり「燃やす」ということは「生物がいなかった昔の状態に戻す」ということでもある。

それでは、何の問題もないのではないかとも思うが、そうではない。石炭や石油は何億年という長い時間をかけてつくられてきた。それを今の人類は200年で使い尽くすと言われている。

例えば、2億年かけてつくられたものを200年で使うとすると、その倍率は実に100万倍である。

地球の空気の中にある二酸化炭素を2億年かけて植物の体に移し、それを200年で戻そうとしているのである。やっていること自体は問題がないが、そのスピードが速すぎ、その量があまりに巨大すぎるというのが地球温暖化問題の本質である。

地球温暖化の原因は二酸化炭素ばかりでなく、第一に太陽の活動があり、第二に大気中の水蒸気や天然ガス、亜酸化窒素やフルオロカーボンなどが挙げられる。

「温暖化係数」という係数があって、同じ量でどのぐらい温暖化に寄与するかを調べると、メタンは二酸化炭素の20倍、亜酸化窒素は300倍、そしてフルオロカーボンはものによっては1000倍のものもある。そこで、二酸化炭素に注意するのも良いが、他のものの方が大切だという意見も出る。

しかし、その他のものも石油が原因となっているから、地球温暖化の原因は二酸化炭素だと単純化してもそれ程間違いではない。そのため「二酸化炭素を減らすにはどうしたらよいか」という問題を解決することが次のテーマになる。

地球温暖化防止キャンペーンの誤り

二酸化炭素を減らすには、一にも二にも人間が二酸化炭素を発生させないことである。

それには石油を使わないことだから、自動車で走る距離を短くしたり、電気をこまめに消したり、また家の暖房を少し節約することになる。考えてみると、50年前にはほとんどの家庭に自動車はなかったし、20年前はエアコンもまだあまり普及していなかった。

ところが、現在では家庭や職場はもちろん、自動車や電車の車両にも必ずエアコンが取り付けられている時代である。部屋の温度を1年中快適に保とうとするわけだから石油の使用量も増えるはずである。

そうすると、話は簡単で「自動車で走る距離を少なくし、電気を消し、エアコンを止める」ことをすれば石油の消費量は減る。そうすれば地球温暖化を防げるということになる。お役所もマスコミもそう言っている。

しかし、本当はこれも間違いである。

こんなにまともそうに見えることが間違っているのだから、環境問題は人を騙しやすい。

日本は1年に石油を3億トン輸入している。それを全て個人が自動車のガソリンや電気として使っているかというとそうではない。

石油は、その多くが「産業」で使われている。なぜ産業で石油を使うかというと「製品」をつくったりそれを流通させたりするためである。産業は製品にしろサービスにしろ「何かを売るため」に活動する。その活動に石油を使うのである。

節電すると石油の消費量が増える?

もし、ある人が「地球温暖化を防ぐ活動に寄与しよう」と決意して、自動車にガソリンを入れず、電気を点けない生活をしたとしよう。　会社まで1時間かかるけれど歩き、家では暗くても寒くても電気は使わないことにした。ガソリン代はいらなくなるし電気代はゼロ、石油を使っていないのだから自分は地球温暖化を防ぐ生活をしていると自負している。

しかし、残念ながら彼の目的は達せられない。

彼は1ヵ月に40万円の給料を貰っていた。ガソリンを買わず電気代ゼロだから、その月から2万円も支出が減った。その2万円をどうするか。彼はお札を前に考えた。

もし、このお金を使ってゲームセンターに行ってゲームをすれば電気を使うことになる。家でテレビゲームをしても外でやったのと同じように電気を使う。

この際、少し贅沢して欲しかったセーターを買おうかとも思ったが、セーターも「製品」だから自分が石油を使うか、企業が使うかの違いであり、これではせっかく会社まで歩き、電気を使わなかったことに何の意味があるのかわからない。

一杯飲みに行っても同じだし、何をしても自分が石油を使わないだけで、他人が使う。こんなことになるのなら、何であんなに我慢したのだということになってしまう

彼は結局、余った2万円を銀行に預けた。何に使ってもこの1ヵ月の自分の労苦が報われないと思ったからである。銀行に預ければ消費などに使わないのだから、これで目的が達せられる。しかも貯蓄も増えるのだから こんなに良いことはない。彼は満足して銀行を出た。

しかし、彼が銀行に預けた2万円は一瞬だけ銀行の金庫にあったが、すぐ貸し出されて企業の社長が持って行った。

銀行も預金を金庫に入れておいては何にもならない。できるだけ早く借り手を見つけなければならない。かくして、ある企業の社長さんの手に渡ったそのお金はその日のうちに社長さんが使った。社長さんにしてみれば銀行から借りたお金はすぐ商売に使わなければ利子を返すことができない。だから使うのは当然である。

しかし、彼はそれを知らない。銀行に預けてから家に帰り、翌日も歩いて会社に行き、家では電気を一切使わなかった。しかし、彼が節約した石油は彼に代わって社長が使っている。そんな生活を毎月続けていたので、1年経ったら彼の通帳には24万円が貯まった。

素晴らしい！

地球温暖化の防止には貢献したし、おまけに貯金もできた。そこで彼は1年間の自分の苦労に報いるために銀行から24万円を引き出して、休暇を取りヨーロッパ旅行に行った。しかし、彼が乗った航空機は燃料が必要だった。

電気をこまめに消して節約すると、電気の消費量が減るばかりではなく、お金も節約できる。それを預金する。預金すると社長が借りて使う。預金した人もそのうちにはお金を引き出して使う。

自分で使えば一度しか使われないので、その分しか石油を消費しないが、銀行に預けると2回使われる。だから石油の消費量も2倍になる。

これは、節電すると石油の消費量が増えるというトリックの一例である。

こんなことは政府もマスコミもよく知っている。しかし、こうしたことは国民に言わない方がいい。国民には「電気をこまめに消すと地球温暖化が防止できますよ」と言っておこう、そうすると国民はお金が余って銀行や郵便局に預けるだろう、そうするとそのお金を政府や企業が使うことができる。だから本当のことは決して言わない。

あれやこれやで、現在、国民が使わないお金は1400兆円にものぼるという。

結局、突き詰めて言うと、地球温暖化に個人で協力しようとすると「給料を下げてもらう」しかない。

つまり、国全体で「活動を減らす」しかない。国民が活発に活動し、生産技術を開発し、企業が生産効率を上げると石油の消費量は増えていく。中国の石油消費量の伸びや彼らの爆食ぶりを見ればわかるだろう。

だから、GDPの成長率をマイナスにし、国民が貧乏になるしか方法がないのである。考えるのはイヤだが、理屈は簡単である。

しかし、国民はそんなことには納得しない。そこで次の「故意の誤報」を用意する。

森林が二酸化炭素を吸収してくれる という論理の破綻

国民がすぐ納得するのは「森林が二酸化炭素を吸収する」と

いう話である。

植物は二酸化炭素を吸収して光合成を行い、自分の体をつくる。植物が樹木なら木材にも利用できる。だから、森林さえ増やせば自動的に二酸化炭素を吸収してくれるという論法がまかり通っている。

実は、この話は間違っていて「故意の誤報」なのだが、納得しやすい話ではある。今から2年前、大学の教養教育を議論する委員会で講演をした時のことだ。教養がテーマなので法学や文学など文科系の学者先生が多く、理科系の先生方は比較的少なかった。私がそこで「科学的に間違ったことでも世の中に認められていること」の一例として、「森林と二酸化炭素の吸収」を挙げた。

そして、「森林は二酸化炭素を吸収しないが、多くの日本人は森林が二酸化炭素を吸収すると思っている」という説明をした。そうしたら、政府の中心的な活動をしている高名な大学の教授が「武田さん、今の話は本当ですか！」と驚いておられた。

日本の指導層でも、テレビや新聞の記事の方が接する機会が多いので、「森林が二酸化炭素を吸収する」と間違って理解していることがある。

科学的に間違ったことでも圧倒的な情報のもとではみんなが納得してしまう。

林野庁のホームページの「こども森林館」というコーナーには森林の機能ということで、「森林はどのくらいの二酸化炭素を吸収しているのでしょうか？」という質問のページがあるが、

図表3-9　二酸化炭素の循環

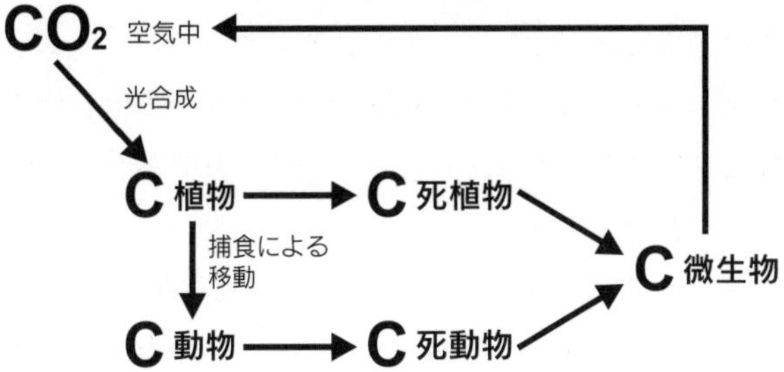

その回答にはこうある。

……ひとりの人間が呼吸で出す二酸化炭素は年間約320 kgであり、スギの木にして23本で吸収する。

……自動車1台が出す排気ガスに含まれる二酸化炭素は年間約2300kgであり、スギの木が160本で吸収する。

……1世帯の人が生活する時に出る二酸化炭素は年間約6500 kgであり、スギ460本で吸収できる。

このような具体的で簡単な話を示されると、相手は専門家だし、まさか林野庁という正式な国の組織だから間違いを言ったり嘘をついたりするはずがないと信じてしまうだろう。まして子供用だから嘘をつくはずはないと思う。

ところが、これが間違っている。

森林は、樹木が生まれて若い時には体が大きくなるので二酸化炭素を吸収して体をつくる。しかし、それは成長期のことで、樹木も成熟すればあまり大きくならないから二酸化炭素も吸収しなくなる。

そして、やがて老木になれば、段々と枯れてゆく。最後には木は枯れて倒れて微生物に分解され、空気中の酸素と結合して再び二酸化炭素になる。

従って、樹木の一生では、生まれてから成長期までは二酸化炭素を吸収して自分の体を大きくしているが、成熟すると二酸化炭素をほとんど吸収しなくなり、老齢になって死に至ると、今度は二酸化炭素を放出する。

ある一定の森林面積を対象にするなら、生まれる樹木も枯れてゆく樹木も最終的には同数で、トントンとなるから二酸化炭素を吸収しないことになる。

それでは、先程の林野庁の計算はなんだったのか。

実は「計算の前提」となる但し書きがついていて「50年生のスギの人工林には1ヘクタール当たり約170トンの炭素を貯蔵しており……」とある。この説明を読んで「ああ、これは樹木は死なないと仮定した時だな。樹木は生物なのに死なないという仮定は正しいのだろうか」などと思い付く人はほとんどいない。そこを狙っている。

筆者なら科学的な正しさを期すために「スギの木は炭素を貯蔵していますが、枯死した時にその炭素は二酸化炭素になります。材木として利用しても最後は同じ量の二酸化炭素になるので吸収はされません」と書く。正直に書いた方が気持ちは楽だ。

形だけの環境改善を我々は望んでいるわけではない

それなら、森林を増やせば良いじゃないか、と言う人もいるが、それも無責任なのである。日本は森林面積が全土の68％もある。これまでは森林を削って、宅地や商業用地、工業用地、それに道路に変えてきた。

今は徐々にしか森林面積は減っていないが、すでに工業用地などとして開発したところを、再び森林にする等という計画はほとんど聞いたことがない。

つまり、本気でやる気がなく、ただ言っているだけなのだ。

林野庁という公的機関が、なぜこのような「故意の誤報」をホームページに掲げているのかというと、地球温暖化はみんなが恐れているし、森林が二酸化炭素を吸収するという話はみんなが信じやすいからである。

もし、信じてくれればたとえ森林面積を増やすことができなくても2兆円の税金の一部を貰えるかもしれないと期待しているのではないか。

ここでも「故意の誤報」から「公的資金を頂戴」するという構図が見え隠れする。

林野庁に倣って、森林に関係している研究者もこの機会に森林に研究費を、と狙って研究会を始める。2001年の8月には森林総合研究所と国立環境研究所が早稲田大学の国際会議場で、「生態系の二酸化炭素吸収ワークショップ」というシンポジウムを行い、その中の研究発表に「森林利用による二酸化炭素排出軽減への寄与」というテーマのものもある。

森林総合研究所と国立環境研究所という大きな2つの研究所が主催し、早稲田大学の国際会議場で実施すれば、一般の人はなおさら「森林が二酸化炭素を吸収する」と思うだろう。まさか研究している当人たちが、森林が二酸化炭素を吸収しないとわかっていて、社会を騙すようなことはしないと思うからである。

少し前まではヨーロッパなどの国では森林が二酸化炭素を吸収するなどという論理が破綻していることを知っていたので、京都議定書で定める二酸化炭素吸収の対策方法の一つに入れるのに反対だった。

しかし、あまりにも日本が強硬に森林の二酸化炭素吸収量を対策の中に入れることを要求したために、政治的配慮から二酸化炭素の吸収源として森林を認めても良いという動きもあったという。

大和魂の国として恥ずかしい限りだ。

二酸化炭素は形式だけ減らせばいいのか。日本の国民は「形だけの環境改善」を望んでいるのか。このことについてある国立大学の教授は私に次のように言った。

「武田さん、誰も環境なんか良くしようと思っていませんよ。だって、政策を見ればわかるじゃないですか」

それを近くで聞いていた地方自治体の職員は、「えっ、そんなことあるのですか！」と驚いていた。

その先生は政府や専門家、マスコミの本音をお話になり、自治体の職員は庶民の感情をそのまま言ったとも受けとめられるだろう。

科学的知見に反する現代のおとぎ話

森林の二酸化炭素吸収に似た話が水素エネルギーである。

3年ぐらい前、私がある大学院の試験官をしていた時のことである。試験を受けに来た学生が「水素はクリーンで、無尽蔵なエネルギー資源だから、私は水素エネルギーの研究をしたい。内容は〜」と発表をした。この研究は前提自体が間違っているので、発表が終わった後の口頭試問で私はさっそく質問をした。

「エネルギーとしての水素は無尽蔵ではないが、君の言う水素はどういう状態の水素か？」

その学生は緊張していたこともあるせいか、私の質問の意図がわからなかったのだろう。世の中では「水素はクリーンで無尽蔵なエネルギーである」と報道されているし、名だたる先生ですらそう述べていると繰り返す。いかに大学院にチャレンジしようとするような優れた学生でも誤報で頭が占有されているのである。

地球上に水素は確かに膨大にあるが「エネルギーになる水素」は地球が誕生して間もなく宇宙へ飛んでいってしまって、誕生から46億年も経った現在ではすでにない。

水には水素が含まれているが、水の中の水素はエネルギーではない。もし水の中に含まれる水素を使おうとしたら、「石油を酸素で燃やして二酸化炭素を出し、その熱を使って水の中の水素を分子として取り出す」ということをすればエネルギーになる水素が得られる。しかし、水素と同じ量の二酸化炭素が出る。

だから水素をエネルギーとして使うのと、石油をそのまま使うのとでは二酸化炭素の出る量は同じである。

ところが、お国では経済産業省が水素エネルギーの利用を促進する研究プロジェクトを国の予算を使ってずいぶんやっているし、それを信じて新聞は「水素自動車、技術にメド　燃料タンク軽量化カギ」「CO_2出さず脚光」という見出しの記事を載せている。水素自動車を使えば二酸化炭素を出さずに自動車を走らせることができるという記事を毎日のように目にするのだから、学生が誤解するのもやむを得ない。

そうなると環境運動家も勘違いして、環境に良いのならば自治体が使う自動車は水素自動車にすべきであると言い始める。自動車会社も環境にやさしい会社というイメージをつくるために水素自動車を開発する。

最近ではマツダが広島県・市にリース方式で水素自動車を納車した。月々のリース料は42万円である。普通の自動車リースの相場が月々1万円〜5万円であることに比べればとんでもなく高い値段だが、国も環境を守る象徴的なものだとして1億円近い水素自動車を購入したことが報じられているのだから、広島県・市ばかりを責められない。

地球にやさしいとして広島市に導入されたマツダの水素ロータリーエンジン車RX-8。

素人目に見ても1億円もする水素自動車のどこが環境に良いのだろうかと疑問に思うし、彼らにとっては所詮税金だからということで政府や自治体が買うのかもしれないが、そうした雰囲気をつくり出す側も無責任なものである。

社会というのは「故意の誤報」であれ何であれ、間違った情報で一度方向性が決まると、どんなに常識外れのことでもそれで進んでしまう場合がある。水素自動車の話や森林が二酸化炭素を吸収するというような話、さらには北極の氷が溶けて海水面が上がるという話は、いずれも科学的知見に反する現代のおとぎ話である。

新幹線を使えば飛行機よりも二酸化炭素の発生量が10分の1になる?

マンション建設の偽装問題では、一級建築士ともあろう人が、データを偽装して地震が来た際に倒壊しかねない強度の不足したマンションを設計して素人（住民）を騙してきたことに批判が集まった。

しかし、地球温暖化で人を騙す手口も実際これと似ている。一級建築士も自分がお金を貰いたいと思って設計を変えた。

専門家が自分のところに予算が来るから、研究費を貰えるから、売り上げが増えるからといった理由で社会に誤報を流すとしたら、それは一級建築士が行った偽装とどこが違うのか。

こうした誤報は実はまだある。日本を代表する鉄道会社であるJR東海が新幹線で約半年間、奇妙なテロップを流していた。

そのテロップは「東京と大阪間を飛行機で行くのに対して、新幹線を使えば二酸化炭素の発生量は10分の1になる」と言うものである。最初にこのテロップを見た時、筆者はJR東海とは関係ないが思わず赤面した。このような間違ったテロップが世界の技術を代表する日本の新幹線の中で流れ、世界の人々が目にすることに私の羞恥心が反応したのだろう。しかも、それが約半年間も流れていた。

このテロップが誤りである理由を簡単に説明するとこうなる。

飛行機というのは空を飛ぶ。巧みな工学の成果を活かし、重力に逆らって空中を飛ぶ。だから、飛んでいる間は膨大な燃料を使う。一方、鉄道はレールが重力を支えてくれるので燃料の使用量は激減し、走行中の燃料消費は10分の1になる。

しかし、飛行機は空を飛ぶので空港があれば東京から大阪に行くことができるが、新幹線は東京駅から新大阪駅までずっとレールの上を走り、途中にトンネルや橋もある。レールや橋は「重力保持機構」であり、鉄道はそれらを最初にまとめてつくっておかなければならない。そこで新幹線は営業する前にレールを敷き、トンネルを掘り、橋を架ける。さらに、営業運転に入っても、安全を保つために点検をし駅員や保線員を配置する。

つまり、航空機は空港さえ設置すれば目的地に行けるが、その代わり飛ぶ時には燃料を使い、それだけ二酸化炭素を出す。一方、鉄道はレールを敷かなければならないので、それをつくる時に燃料や材料を多く使って二酸化炭素を出し、実際に走る時には燃料の消費量が少ない。

こんなことは専門家なら誰でも知っている。しかし、素人なら騙すことができる。それが新幹線のテロップだ。専門家ならどんなに新幹線に有利に計算してもせいぜいトータルで1.5倍ぐらいだろう。それを10倍抑制できるとは酷すぎるのではないか。

二酸化炭素の発生量は水素自動車の方が大きいと発言する人はむしろ良心的だ

ただ、この世の中には良心的な人もいる。

名古屋で行われた講演会で、スズキ自動車の技術の重役が、水素自動車と普通のガソリン自動車での二酸化炭素の発生量について説明していた。

彼は「水素自動車とガソリン自動車を比較すれば、二酸化炭素の発生量は水素自動車の方が大きく、それは水素自動車をつくるには大変な労力がかかることや、もともと水素はエネルギーとしては地球上にないので、石油からつくることになるからそれも原因となって二酸化炭素が多く出る」と言っていた。

このように自動車会社でも、またエネルギー関係でも、さらに森林の研究者でも、世の中には正直でちゃんとした人というのは常にいるのだが、ただ現在の日本では正直な人が報われずに、社会不安を煽ったり故意の誤報をアナウンスする人が前面に出るので、奇妙な話が横行している。

ダイオキシンの毒性研究では日本で第一人者の和田教授がテレビに出なかったのは、真実を語るからである。事実や正しい科学的解釈を話す学者は、現在のマスコミからお呼びはかからない場合が多い。

マスコミでも事実を伝える姿勢を保持している立派なところはある。筆者はそれを何回か経験した。視聴率の数字が微妙で、ここで「やらせ報道」をしたら視聴率が上がるという時でも、正しい報道をする番組もあるし、記者もおられる。そんな時はホッとするが数は少ない。

日本の放送を規定する法律に「放送法」というものがある。第3条は放送の本来の目的と健全性を規定した条文となっている。そこには、こう示されている。

①事実を報道すること
②異なった見解がある時には両方を報道すること

放送法第3条は放送に携わる人の憲法のようなもので、これに反するようなことがあればテレビ会社を解散するぐらいの覚悟がいる。

しかし、現実には政府を監視するはずの放送局がこの第3条違反で注意を受けるような状態になっている。

地球温暖化はどの程度危険なのか

地球が温暖化すると本当に深刻な問題に発展するかどうかという問いに戻って考えてみよう。

まずは、地球の歴史を振り返ってみる。

地球が誕生した時、地球の大気は2000度と非常に高かった。しかし、徐々に冷えてきて30億年も経つと生物が大いに繁栄するようになり、地質学で言う「古生代」が訪れる。この時の地球の平均気温はだいたい35度ぐらいだったと推定されている。現在の地球の気温は平均15度だから、古生代は現在の気温より20度ほど高かった。

古生代の時代、生物が繁栄したのは気温が高かったからだとされている。

その後、3億5000万年前から2億5000万年前になると地球が

図表3-10　生物時代の気温の変化

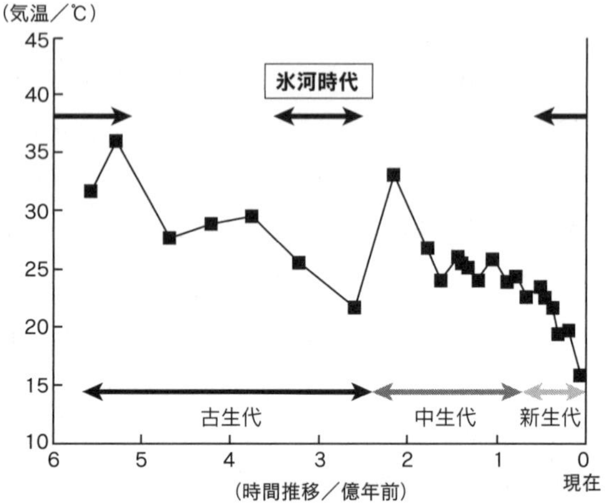

急激に冷えて第一氷河時代になる。氷河時代が訪れると多くの生物は絶滅し、化石から見ると、地上に存在していた生物の95%が死に絶えたと推定されている。しかし、その氷河時代の温度は22度で現在より7度も高い。

2億年前になると、気温が上がり始め、25度ぐらいになると恐竜が活躍する「中生代」に入った。それからしばらく地球の気温は安定していて、今から10度ぐらい高い平穏な日々が続いた。恐竜全盛時代の到来である。

そして6700万年前、巨大な隕石がメキシコ湾に落下して恐竜が一気に絶滅した後、現在我々が住んでいる新生代に入る。

新生代に入ると同時に氷河時代になった。隕石の落下と第二氷河時代に入ったことは偶然の一致と言われているが、いずれにしてもまた多くの生物が死に絶えるような寒い時期になったのが現代である。

だから、アフリカやインドネシアのような赤道直下のところだけが僅かに氷河に覆われていないという世界が現代である。しかし、そのような寒い状態が12万年続くと、その後に2万年間だけ温暖な「間氷期」が来る。現在我々は「第二氷河時代の中の間氷期」にいるので生物としては少し寒いといった程度だ。

今の地球でもっとも生物が多いのは赤道直下である。植物や動物が世界で一番多いのもアマゾンなどの赤道直下である。人間の人口密度でもインドやインドネシア、アフリカのような熱帯地域の人口密度が一番高い。

生物にとっては今の地球は冷たく、もう少し暖かくなった方が良いという全体的な傾向も頭に入れておく方が「地球が温暖化すると生物は絶滅する」などという荒唐無稽な話に引っかからない。

現在、騒がれている地球温暖化というのは現在の15度が、最大で17度になるぐらいだから、語弊を恐れずに言えば、これまで生物が生きてきた地球の気温の変動からみると、たいしたことはない。温度が2度上がるとすべての陸地がなくなってしまうとか、大嵐になるとか、人を驚かすトンデモ説がしょっちゅう出てくるのを聞いていると、今まで長い時間をかけて化石を調べたり大昔の気温を調べたりした学問は何の役に立ってきたのかと思ってしまう。

もともと地球史レベルでは、人間が二酸化炭素を出さなくても地球の気温は10度や20度ぐらいは上がったり下がったりするのが当たり前のことである。これからも、おそらくは気温の上下変動は起こる。それは太陽の活動が周期的に盛んになったり衰えたりすることと地球の回転軸が少し曲がっていることにも影響を受ける。

問題は「地球温暖化」そのものにあるのではなく、人間の活動があまりにも急激だから、それによって気候が急激に変わり、それが大きな被害を及ぼすかどうかにかかっている。

だから、「二酸化炭素を出すな」ということではなく、「どのくらいの速度で二酸化炭素を出すか」ということが問題なのである。そして、それなら私たちが「対策」を取ることができる。なぜなら、どのくらい抑制すれば酷いことにならないのかということを算出できるからである。

つまり、「温暖化」自体は悪くない。作物も採れるようになるし、暖かいことは悪いことではない。むしろ「急激に変わる」ことが大きな問題でそれが1度でも2度でも致命的である。この二つは同じではない。対策も違ってくる。

この難しい関係をもう少しスッキリさせるために、もう一つ話をしたい。

地球が暖かくなると冷やし、冷えてきたら暖かくする?

地球温暖化が非常に深刻だという話をされる有名な先生の講演を聞いて、私は次のような質問をしたことがある。

第一問：「現在の地球の平均気温は15度だけれども、先生は何度ぐらいが地球や人類には一番良いとお考えですか」

つまり、地球が温暖化してはいけないと言う限りは、気温は13度が良いとか、10度が良いといった理想的と考える状態を示さなければならない。しかし、その先生は答えることができなかった。ただ、地球温暖化は恐ろしいとお話されるだけで、地球は何度ぐらいが一番良いかを考えたことがないのだろう。

第二問：「これまでの地球は平均気温が10度ぐらい高くなったり低くなったりしてきました。生物はその中で生活をしてきたのですが、先生のお話を聞きますと、気温が変わるのが悪いというようです。そうすると今後、我々は〈地球が暖かくなると冷やし、冷えてきたら暖かくする〉という調節を人為的にしていかなければならないのでしょうか？」

これに対しても返事がなかった。

自然の中に生きるということは、地球の気温が上がったり下がったりする中で生活するということである。そういう環境で今まで生物は暮らしてきた。今の地球温暖化のようにこれまでの10分の1ぐらいしか変化していないのに大騒ぎをするのなら、いつも「地球エアコン」を付けっぱなしにして、人為的に地球の温度管理をしなければならない。

大自然の気温は上がったり下がったりするし、現在は間氷期が終わり寒くなりつつある時だから、むやみに「温暖化をこれ以上促進してはいけない」と叫ぶだけではなく、反対の説もあることを踏まえて行動すべきなのではないだろうか。

京都議定書ぐらいでは地球温暖化を防げない

海水面の上昇と共に「地球温暖化」というと日本人が思い浮かべるものは「京都議定書」の存在だろう。

京都議定書は数ある国際条約の中でも日本人にとってはもっとも馴染みが深いものかもしれない。日本人は律義な民族なので「京都議定書を締結した限りは、議定書を守らなければならない」と考える。しかし、日本以外の国は「京都議定書を守らなければならない」という前に「どうして京都議定書を守るべきか」をまず考える。

その典型的な国がアメリカである。アメリカは京都議定書を作成する会議に参加して調印したが、批准はしなかった。これについて、日本のマスコミや専門家は一斉にアメリカを非難したが、アメリカにはアメリカの理屈がある。日本が正しいか、アメリカが正しいかは、それほど簡単には決められない。

京都議定書の主旨は「このまま二酸化炭素を出し続けていると地球温暖化がさらに進んでしまうので、先進国で歩調を合わせて二酸化炭素を出さないようにしよう」という内容だった。

詳しい内容は別にして、ざっと言うと、京都議定書に参加した国の中から先進国が「1990年に出していた二酸化炭素の量を基準に平均として6%を削減する」というものである。日本も先進国だから当然、6%削減する。達成しなければならない期限は2010年前後。あと少しである。

図表3-11　温暖化ガスの寄与度

温室効果ガス	地球温暖化への寄与度
	%
CO_2	60.1
メタン	19.8
一酸化二窒素	6.2
CFC、HCFC、ハロン	13.5
その他	0.4

図表3-12　各国の二酸化炭素の排出割合

分類	各国	割合
		%
先進国（59%）	アメリカ	23
	日本	5
	他のOECD諸国	18
	旧ソ連・東欧	13
開発途上国（41%）	中国	15
	他の開発途上国	26

京都議定書を守れば地球温暖化を防ぐことができると信じ込んでいる人が思いのほか多い。それでは本当に防ぐことができるかを計算してみよう。

まず、地球の気温が変わる原因は、太陽の活動、地軸の傾き、それに人間が出す温暖化ガスなど複合的である。アメリカの研究所には太陽活動説を支持するところもあり、周期的な気温の変化の範囲かもしれないし、空気中の湿気が多くなったからという考えもある。

だから、地球温暖化が人間の出す温暖化ガスの影響にすべて帰結するとは言えない。そこでまず地球温暖化に対する温暖化ガスの寄与率を60%と仮定する。

二番目に、温暖化ガスは二酸化炭素以外にメタン、天然ガス、水蒸気、フルオロカーボンなどがあり、天然ガス輸送ラインから出るメタンなどは主要な原因とも言われている。温暖化ガスのうち、二酸化炭素の寄与率は約60%だという。

三番目に、世界の国のうち、先進国が出している二酸化炭素の量は全世界の約60%である。

四番目に、国際条約は調印した国が全部、批准するとは限らない。国際条約の調印は各国の政府が行うが、その国が参加するかどうかはその国の国民(多くは国会)が決める。

マスコミなどは「アメリカは条約に調印しておきながら批准しないのは何事か」と言っているが、日本は政府がお上で国民が下なので政府が決めたことを国民が反対することなどなかなか考えられない。一方、アメリカは政府が調印はしたが、国民はノーと言っているだけのことである。

京都議定書は国際条約なので、締結した国の60%以上が批准すれば効力を持つことにしている。2005年2月に京都議定書は発効した。

そして五番目に、数値目標は1990年に出している二酸化炭素量の6%削減である。

すべて数字は6。それが5回出てくる。

地球温暖化の寄与率は温暖化ガスが60%、温暖化ガスのうち二酸化炭素が60%、全世界のうち先進国が排出している割合が60%、そして議定書を締結した国のうち60%が批准すれば成立し、そして最後に平均目標が6%削減である。不思議な

図表3-13　京都議定書における各国の削減目標

国	目標
	%
アイスランド	10
オーストラリア	8
ノルウェー	1
ニュージーランド	0
ロシア	
日本	-6
カナダ	
アメリカ	-7
欧州諸国連合(EU)	-8

ことに全部「6」という数字が付く。

60%は0.6だから、0.6×0.6×0.6×0.6×0.06＝0.00777という数字になる。

つまり、地球温暖化という点ではまったく効果が薄いことがわかる。

なぜかというと、概念的には京都議定書がなければ1度上がるところを、0.7%だけ抑制されるので、0.993度の上昇に留まるというわけだ。

日本国民の多くは京都議定書を守ることで地球温暖化が改善されると信じているが、それも程度問題である。1度上がるところを0.993度上がるというのではどうにもならないではないか。

つまり、残念ながら京都議定書というのは地球温暖化にはほとんど何の影響もない。京都議定書を守るのが大切だ、環境を

主要議題で先進国と途上国の主張がかみ合わないまま最後までもつれた
京都議定書第2回締約国会議の全体会合（ケニアのナイロビで2006年11月）。

守るのは大切だという話はまさに「環境を守るふりをしていれば良い」と言っているようなものである。

私は環境というのはもっと大切な問題だと思っている。地球温暖化が大きな環境問題ならば、対策を打たない場合に気温が1度上がるというところを、せめて半分ぐらいの上昇に留めないと抜本的な対策にはなっていないと考える。

だから、この際はっきり「京都議定書は無意味である」と言おう。

日本はロシアから二酸化炭素の排出権を2兆円で買うのか

京都議定書を守っても守らなくても環境は全く変わらないのだから、京都議定書は実質的には何の意味もないだろう。

しかし、今までのメンツもあるため「実効力はないかもしれないが、世界の人が心を一つにして環境を守ろうとしたところに意義がある」と言って頑張る人もいる。しかし、これも事実に反する。

なぜなら驚くべきことに、日本は京都議定書の締結国の中で約束を守れそうにない国のトップだからだ。

日本は1990年の二酸化炭素の排出量を基準にして、2010年には6%削減すると約束したのに、自動車を生産したり、エアコンを使ったりして6%削減どころか、14%も上がる予測である。6%下げるところを14%上がるのだから、約束との差は実に20%に達する。

京都議定書は地球温暖化の抑止力はないが、心の問題だと言っている人間が、実はまったく二酸化炭素を削減する気がなく、むしろ大幅に増やしているという現実を見ると情けなくなってしまう。

しかし、奥の手がある。一つは、ロシアから二酸化炭素の排出権というものを買う方法である。京都議定書というのは政治的な取引が多く、地球環境を守るという国際条約としては問題の多い条約である。

石油や天然ガスに比べて、二酸化炭素の排出量が多い石炭火力発電所が国内で増えている。価格の安さが魅力だが、京都議定書が求める温室効果ガスの排出削減目標の達成には大きなマイナスだ。

つまり、ある国が二酸化炭素を削減する約束をしておきながら、実際には二酸化炭素を削減することができない時には、二酸化炭素を削減する余裕のある国から削減枠をお金で買いとり、それを約束に充てることができるという方式が認められている。

お金を持っていれば、お金で問題を解決できるというのなら地球の環境保護に向けた「心の問題」である京都議定書はその存在価値を失う。

それでもなりふり構わず、日本はロシアから二酸化炭素の排出権を2兆円で買うと見られている。

実に情けない。

地球温暖化を防ぐための条約なのに、自分で京都議定書の精神を破り、二酸化炭素をどんどん出して、「お金で買えばいいのだろう」という理屈は酷いではないか。

その一方で「アメリカは京都議定書を批准もしないで何を考えているのだ！」と非難する。もし京都議定書を守る気がないのなら批准しない方が余程スッキリしている。

京都議定書で日本がやっていることをもし個人レベルで行えばすっかり世間の信用をなくすだろう。

「みんなで心を合わせて町を綺麗にしよう」と呼びかけ、掃除に出てこない人を非難し、それでいて当の本人が出てこずにお金で雇った人を出すということと同じだからだ。それも掃除するところのピントが外れていて町はほとんど綺麗にならないという有様だ。

昔の日本人ならこんなに誠意のないことはしなかったはずだ。しかし、森林、水素、そして新幹線と二酸化炭素に関わるウソばかりついてきて、当の本人も何がなんだかわからなくなったというのが地球温暖化をめぐる問題の実情ではないだろうか。

地球温暖化よりも大切なこと

進化論で有名なチャールズ・ダーウィンは「勇気を持たなければ真実は見えない」と言った。近代科学の思想をつくったフランシス・ベーコンは「人は真実を信じるのではなく、そうなりたいと思うことを信じる」とした。

確かに最近の気候はおかしい。それを何か別の責任に転嫁してしまうことで、自分の活動に制限がかけられたり、被害が及ばないようにしたい。そのためには情報を操作するぐらいはやっても良いだろう、そんな思いが地球温暖化というとても大事な環境問題を混乱させた原因の一つだろうと考える。

地球が寒くなったり暖かくなったりするのは仕方がない。太陽の活動が変わるし、地軸の傾きも変化する。また、海水面は地殻変動や膨張などでこれまでも大きく変動してきた。生物たちはそんな地球活動のダイナミズムの中で、絶滅や繁栄を繰り返してきたのだ。

だから、今後も人類がこの地上に生きていく限り、氷河期も来れば温暖化もするだろう。しかし、それはたとえ自然の変化であっても現状からの変化は忌避したい現象として映るだろうし、まして人間の活動によって起こる気象変化ならなおさら腹が立とうというものだ。

地球温暖化を防ぐのは、間違っても「（二酸化炭素の）排出権取引」や「水素自動車で売り上げを増やそう」ということではないはずだ。それは純粋に「私たちの活動を減らす」こと以外にはありえない。それを受け入れるのは我々の決意だろう。

地球の気候が急変すれば気象災害も起こるし、南の国ではマラリアも増える。

水位の低いところやツバルあるいはベネチア、バングラディッシュのようにもともと地盤が沈下しがちで水面ギリギリの所

高潮の影響で水浸しになった「水の都」イタリアのベネチア。ベネチアは干潟の上につくられた人工の島であり、近年は地盤沈下に加え地球温暖化による影響か、年平均40回も冠水に見舞われている。冠水したサンマルコ広場では、観光客らは高さ50センチの渡し板の上を歩いている。

は水浸しになる。もちろん、悪いこともあれば良いこともあり、作物の北限はさらに北になるから寒い地方に住んでいる人にとって温暖化は良い影響をもたらす可能性が高い。

地球温暖化の本質は我々の活動があまりに激しく、地球の気温を左右するまでになったということであり、その変化が急激だというところに問題がある。

原因は日本やアメリカを中心とする先進国の人たちの無制限なエネルギーの使用だ。自分たちが思う存分に二酸化炭素を出しておいてツバルが沈没するのを気にしても意味がない。

少しでも得しよう、お金を儲けようとしたりせず、人生にもっと大切なこと――家族、友達、ゆったりした時間――そんなことを大切にしていれば、地球温暖化は自然消滅する。「二酸化炭素の排出量の目標」などをつくってしかめっ面をしていると、この問題は解決しない。

第4章

チリ紙交換屋は街から
なぜいなくなったのか

紙のリサイクルに対する先入観と誤解

大学でリサイクルの講義をすることがある。

学生はペットボトルのリサイクルが無意味なことは感覚的にもわかるのか、ペットボトルのリサイクルがひどい状態であることを知っても、あまり驚かない者もいる。ダイオキシンの毒性が弱いということには少しびっくりするが、最近ではダイオキシンについてはあまり話題になっていないので、学生によっては忘れている学生もいるほどである。

そんな現代の大学生でも一番、衝撃を受けるのは紙のリサイクルだ。紙のリサイクルが何の意味もないということを知った時、学生は一様にショックを口にする。それはどうも小学生時代の教育にあるようだ。小学校では紙をリサイクルすることが環境に良いことだと教えるようである。

何しろ小学生の時だから、学生もそれを信じて紙のリサイクルに協力してきた。そうした事実が覆るのだからショックを受けるのは当然だろう。

4、5年前になるが、ある講演会で紙のリサイクルが実にバカらしいことだと講演した時のことだ。講演が終わって質問の時間になると、会場から手が挙がり、ある小学校の校長先生からのコメントがあった。

「先生のおっしゃる通り、私も紙のリサイクルは意味がないと思いますが、リサイクル紙を使わないと補助金が貰えないので、仕方なく私の小学校ではリサイクル紙を使っています」と述べられた。

私は喉元まで、「たとえ補助金が貰えなくても、児童に間違ったことを教えるよりは良いから新品の紙をお使いになったらいかがですか」と言おうとしたが、グッとこらえた。その校長先生の顔には苦渋の色がにじみ出ていたからである。

こうしたやり取りの最中、私は脚本家として有名な美作正己さんが、あるインタビュー記事で次のように語っておられることを思い出していた。

太平洋戦争が終わりに近づいた中学校の時だった。社会科の先生が自分たちを教室に入れて暗幕を引き、小さい声で「日本は負ける」とおっしゃった。そして「大人は殺されるかもしれないから君達が頑張れ」と言ってくれた。それを聞いて、戦うことが正しいと教えられていた中学生は(その先生に向かって)「非国民！　殺してやる！」と言った。生徒はすっかり洗脳されていて、先生の言う事実が理解できなかったのだ。戦争が終わるとその先生は「自分がこれまで生徒に嘘を教えていた」と反省し学校をお辞めになった。他の先生方は戦争中、生徒に特攻隊に行くように指導し多くの生徒が死んだ。戦争に行くことや特攻隊員になることを煽った先生たちは多くの教え子が若くして命を落としたのに、天寿をまっとうした。

一旦、国が戦争を始めれば、大人たちは戦わなければならない。戦争反対でも国が戦争すると決めた限りは戦わなければいけない立場に否応なく追い込まれるだろう。

しかし、子供はどうだろうか。戦争が永久に続くわけではないので、子供には戦争中でも正しい国際関係を教えるのが筋だろう。

リサイクルでもそうだ。色々な事情が複雑に絡んでいて、政府としてはリサイクルをやらざるを得ないかもしれない。しかし、だからといって児童を巻きこむのはどうか。

もし児童にリサイクル教育をするならリサイクルが本当に正しくなければいけない。圧力的な団体がいるからとか、特定の人が儲かるとか、失業者を救うという目的でリサイクルをしているならば、それに子供を巻きこんではいけない。

森林資源破壊の元凶にされてしまった紙

紙のリサイクルで大学生がショックを受ける理由は非常に簡単だ。

紙をリサイクルするのは森林を守るためである、と教えられてきた。日本の森林はもともと紙の原料としてあまり使われていないから、森林を守るという時の「森林」は、日本以外の森を指す。そして、多くの大学生は熱帯雨林や開発途上国の森林、つまり南の方の森林だと思っている。

これもテレビの影響が大きいだろう。テレビで盛んに熱帯雨林がなくなっていく様子を映し、紙のリサイクルをしなければならないと宣伝されてきたからだと思われる。

もしかすると小学校の先生が「熱帯雨林を守るために紙をリサイクルしよう」と言っているのかもしれない。しかし、実際のところ紙のリサイクルと熱帯雨林や開発途上国の森林は関係がないのである。

世界の森林を大きく「先進国の森林」と「開発途上国の森林」に分けて考えてみよう。1990年までの15年間をみると、先進国の森林は1％増加し、開発途上国や熱帯の森林は7％減少している。

だから、森林を守らなければならないとしたら、開発途上国の森林や熱帯雨林を守らなければならない。

一方、森林があればどんな森林からも紙の原料のパルプが採れるというわけではない。現在、世界では、先進国の森林の14％、開発途上国の森林の2.5％がパルプとして利用されている。つまり、日本人が使っている紙の原料のほとんどは先進国の森林から採られたものであり、守らなければいけない開発途上国の森林からではないのだ。

こうした事実を知った学生はショックを受ける。紙のリサイクルをして仮に消費量が減っても、森林の減少は止められないからである。私は次のように言って追い打ちをかける。

「〈自然を守れ〉という運動によって木材の需要が少なくなった。君たちも知っているように太陽の光があれば森林は成長する。だから、毎年の伸びた分だけを手入れをして切ってあげないと森林は正しく育たない。ところが、樹木を使う量が少なく

図表4-1　先進国と開発途上国の木材の利用状態

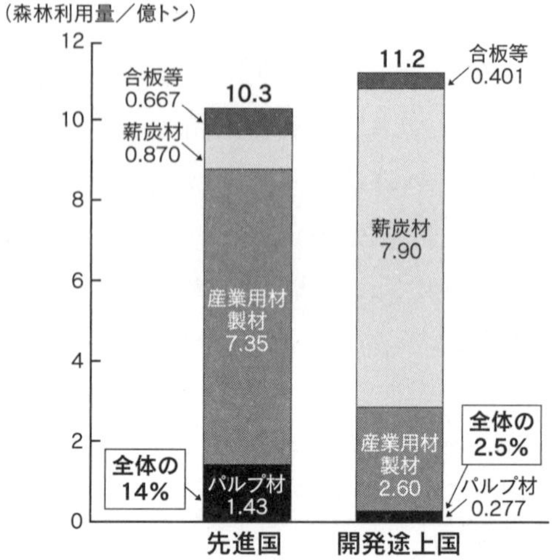

出所：林野庁、平成16年度森林及び林業の
動向に関する年次報告（2004）

なったので、せっかくモデル的に自然を利用していた北欧の森林が無駄に捨てられている。もちろん日本の森林はほとんど使用されずに、木は腐っていくだけだ」

ここでも環境運動が環境を破壊している。

もしも本当に熱帯雨林や開発途上国の森林を守らなければならなければ、開発途上国の森林の現状とその原因を明らかにして、それを止めなければ何にもならない。

今の日本の紙のリサイクルは「足を怪我しているのに、手に包帯を巻くようなもの」である。傷を直すのに包帯は必要かもしれないけれども、足を怪我しているのに手に包帯を巻いても仕方がない。

熱帯雨林を守りたいのに北方の先進国から来る紙の原料を節約しても、熱帯雨林の減少は止められないのは当たり前なのである。

生意気になったと言われる現代の大学生ではあるが、それでも若者だから心は純粋だ。紙のリサイクルが森林を守るのに何の役にも立たなかったとわかり、少なからずショックを受ける。

しかし、むしろショックを受ける方が人間らしい。リサイクルが環境に役立たないと知って「そんなものだ」と納得するより健全ではないか。

姿を消したチリ紙交換のおじさんはどこに行ったか

紙のリサイクルでなぜこんなバカらしいことが行なわれたのだろうか。

20年ほど前、日本は盛んに紙のリサイクルを推進していた。街にはチリ紙交換屋さんの軽トラックが走り回り、古紙を集めてチリ紙に交換していた。読み終わった週刊誌や新聞をひもで括り、両手にいっぱいに持って重たい結束を渡すと、チリ紙交換のおじさんがトイレットペーパーを一巻か二巻、くれたものである。

「これしかくれないの？」と文句を言ったりしたが、それでも古紙は少しのトイレットペーパーに交換された。それが今は何も来ない。紙をリサイクルすると税金を取られるだけである。

何が起こったのだろうか。

東京湾の漁民は職を失い、一部は清掃業に流れた

チリ紙交換屋さんが消えた怪談話は「江戸前の魚」から始まる。

日本が高度成長期を迎えると、東京湾の周りにはグルッと取り巻くように石油化学コンビナートができた。そして石油化学コンビナートの隣には発電所、製鉄所、そして小さな加工工場に至るまで長いベルトのように工場が並んだ。

それは、横須賀から横浜、川崎、大井まで続き、都心で少し切れてはいたが、江東区から幕張、千葉、そして袖ケ浦から君津に至るまでぎっしりと並んでいたのである。

公害対策がそれほど行き渡っていなかった頃である。これらの工場は汚い排水を流していた。ただその頃は、悪意があったわけではなく、汚い排水を流したらどのような結果になるのかということ自体があまりわかっていなかったのである。

東京湾の海水は比較的閉鎖されているから、たちまち東京湾は汚れ、魚が捕れなくなった。「江戸前の魚」というように、東京湾は豊富に魚が捕れるので漁民も多かった。ところが魚が捕れなくなったので漁民は次々と陸に上がってくる。

これは大変だということになり、工場の排水は厳しく規制され、東京湾も徐々にきれいになっていくように見えた。

しかし、新手の汚染源が出てきたのである。東京の人口は増

え続け、台所からの排水やお風呂で使ったお湯にはラーメンの油やシャンプーの残り滓が大量に含まれるようになった。

そして、とうとう東京湾の漁業は壊滅的な状態になる。

陸に上がってきた漁民は職を失い、一部が清掃業に流れた。魚を追いかけ網を打ち、それを生業としていた漁民が突然、サラリーマンになるのは難しい。かといって、全国の他の漁場に行っても縄張りは厳しく、容易に入っていけるわけではない。その点、清掃業は職を失った漁民が得やすい仕事だった。

チリ紙交換屋さんの仕事が奪われるまで

しかし、そのうちに紙のリサイクル運動が起こった。もともと紙はリサイクル運動が起こる前からリサイクルされていたので、「チリ紙交換業」が立派に成立し、回収された紙は製紙会社に持っていかれていた。社会で紙のリサイクルに対する関心が高まり、それまで捨てられていた紙がより多くリサイクルされるようになるのだから、チリ紙交換の人はさらに繁盛するはずであった。

ところが、今まで民間がやっていた紙のリサイクルに自治体が関与するようになると、様相は一変する。使い終わった紙は、子供会、老人会、自治会などが集めてそれをまとめて自治体に持っていく。自治体では集めた紙の量に応じて子供会や老人会にお小遣いを上げるというシステムになった。もちろんそのお小遣いは税金から出ている。

つまり、今まで全く税金など使わずに、立派にリサイクルしていた紙が、突然税金を使って処理されるようになったのである。自治体からお小遣いを貰った子供会や老人会は、それがこれまで世話になったチリ紙交換屋さんの仕事を奪っているということにも気づかず、それが税金であるということにも思いが到らず、ただお金を貰って環境に貢献したと満足していた。

まもなくこの仕事に目をつけた団体があった。紙のリサイクルを民間から自治体がやるようになったので、自治体の首長に話をつけて一気に仕事を回してもらえば良いと考えた。そうなると利権の伴う仕事である。政治家や団体、そしてさまざまな人たちが動き、各自治体に話をつけ紙のリサイクルシステムは一変したのである。

東京の各区ではそれぞれ多くのチリ紙交換屋さんが仕事をしていた。千代田区、中央区、港区などの東京の中心部はそれほどチリ紙交換屋さんが多くはなかったが、江東区、足立区などの下町には中小のチリ紙交換屋さんが数多くおられた。

彼らは政治を信じ、東京都を信じて、紙のリサイクルに汗を流していた。自分たちこそ昔からリサイクルをしており、これほど社会がリサイクルに関心を持ってきたのだから将来は明るいと思っていた。まさか水面下で特定の団体と東京都が話をし、自分たちの仕事を取ろうとしていることなど夢にも思っていなかっただろう。

やがて新しい紙のリサイクルのシステムができあがってみると、東京都と契約を結んだ特定の業者だけが古紙を取り扱えるようになっていた。政治力のないチリ紙交換屋さんはたちどころに敗れ、内輪の争いも起こった。

それは悲惨なチリ紙交換業界の最後であった。

風が吹けば桶屋が儲かるといった類と同じこの話は、まるで現代の怪談話である。

表面は美辞麗句に飾られた新しい紙のリサイクルシステムが発足し、額に汗して働いていた人たちが追放された。それからは、特定業者の受注、税金の浪費と続く。

間違った行動は目的を達しない。熱帯雨林保護の機会は失われてしまったのである。

東京都のこの新しいシステムはたちどころに全国に広がり、それまで社会の一員としてリサイクルに協力していたチリ紙交換屋さんはすっかり世間から消えてしまった。

「無理が通れば道理引っ込む」という諺があるが、よく言ったものである。もともと、紙のリサイクルが森林を守るというお題目自体が間違いなのだ。その間違いを推し進めると、道理も何もかもまともなことはあらかた引っ込んでしまう。

民から官への逆転現象が起きた紙のリサイクル

もともと経済産業省は製紙業界からの要望に頭を痛めていた。「チリ紙交換」が集めてくる古紙は欲しいのだが、値段が高いのである。しかも、価格が変動するので予測が難しい。なんとか安く、安定して購入したい、と業界は経産省に圧力をか

図表4-2　激しく変動する古紙の価格(公的リサイクル前)

出所:慶應義塾大学経済学部島田晴雄研究会ホームページ

けた。

お役所が主導する官製リサイクルが始まる前の古紙の市況を図表4-2にしてみた。

製紙業界が経産省に訴えていたように確かに1972年から1985年まで古紙の価格は安い時にキログラム当たり10円、高い時には50円と価格幅が大きくなっている。それでも徐々に価格は安定してきていて1985年頃は約15円から25円の範囲にある。

しかし、業界は不満だった。値動きは狭くなったが、できるだけ安く買いたい。そのためには「ボランティア」や「税金」が必要である。

チリ紙交換は「民間」が行っている。収集費用もかかるし、

図表4-3　公的リサイクル後の古紙価格の下落

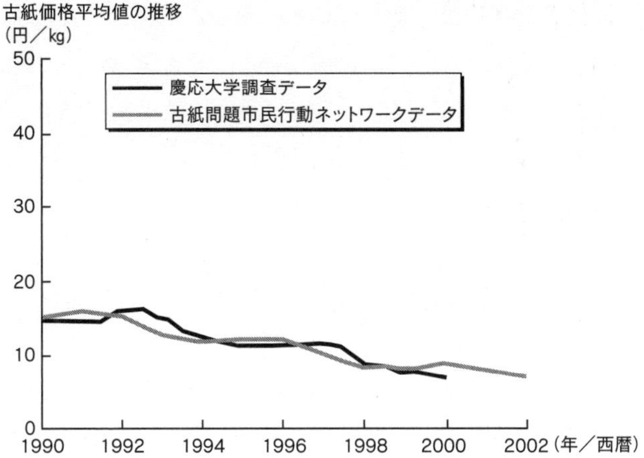

収益も必要になる。それを「環境」という旗印のもとでボランティアにタダか、あるいは昼のお弁当代ぐらいで働いて貰い、それに税金を投入させれば古紙の値段は格段に安くなる。

お金の流れとしては、今まで「製紙業からチリ紙交換業」に払われ渡っていたものを「国民(の税金)から製紙業」へ転換することだから、業界も必死になる。

この作戦は見事に的中した。経産省と製紙業者がどのぐらい計画的に進めたかは不明であるが、新聞、テレビ、教育界、自治体、環境運動団体が総出で紙のリサイクルの「民から官へ」(間違っても「官から民」ではない)の運動を後押しした。

図表4-3はその結果である。一つは前に掲載した慶應義塾大学のデータ、一つが古紙問題市民行動ネットワークのデータで

ある。

驚くほどに作戦は成功している。かつてキログラム30円ぐらいで上下動が激しかった古紙の価格は「官主導のリサイクル」が始まると、ピタッと安定し、そしてキログラム10円を切った。

もちろん、チリ紙交換屋さんは追放される。それに代わって「官業請負」の体制になり、「民から官へ」が固まった。

国民より業界優先の伝統的体質

かつて大蔵省には「銀行局」と「証券局」があった。それぞれ銀行業界と証券業界の発展を支えることを業務とし、それぞれの利益を代表していた。

銀行が証券の縄張りに入ろうとすると証券局が必死に縄張りを守り、日本は世界でも有数の、高い「株式取引手数料」を維持していた。

それはかの「ノーパンしゃぶしゃぶ事件」などが重なって大蔵省が解体される前のことだが、日本で証券会社が処理するお金の総額は約100兆円だった。そのうちの2%が手数料として証券会社に入ったので約2兆円になる。一方、証券会社に関係する人は約20万人だったので、概念的には手数料だけで年に一人1000万円の収入を得ていたのである。

製造業ならいざ知らず、証券会社はコンピューターを使って株の売買と決済を数秒間でするだけなのに、企業の収益の3分の1に相当する利益を手数料だけで取るという異常な状態だった。この余りに「非国民的」手数料はバブル崩壊後の証券会社の不祥事がきっかけとなって消滅し、手数料はすでに当時の10分の1程度にまで下がっている。

銀行局と戦ってこの手数料を守っていたのが証券局だが、国民の公僕として働く人であれば、国民のために手数料を減らす方向に働くのが妥当だっただろう。

紙のリサイクルでも「チリ紙交換屋」や「国民」を守るお役所の担当部署はなかった。ちょうど、大蔵省に「銀行局」や「証券局」があっても「国民財産局」がなかったのと同じである。

日本のお役所は明治の「富国強兵」時代そのままの体制である。国民より業界優先、天下り先確保という慣習は強固でなかなか崩れない。

庶民を痛めつける環境問題
――ごみは冷凍庫に？

ペットボトルの分別やリサイクルをすればするほど資源を浪費しごみを増やすという結果がすでに出ているにもかかわらず、環境で利権を得る人たちにとっては、そんなことは問題ではない。チリ紙交換の人たちばかりでなく、一時的に仕事を失い、なんとか食いつなぐ職業すら官製になってしまった。

環境運動というのは、もともと善意から生まれるものだが、現実には弱者たちにその攻撃の牙を向けることが多い。みんなで快適な環境をつくり、楽しく生活していくはずの運動がなぜ弱い人をいじめ、さらに辛い思いをさせるのだろうか。

哀しい話を紹介しよう。

名古屋市に40代の女性で、一人は売れっ子のライター、一人は学校の先生がおられる。お二人とも女性として家庭と仕事を懸命になって両立させようとしている。

そんな中で、過酷な分別回収とリサイクルは始まった。分別回収は、家庭で細かく分けたものをとりあえずとって置く場所が必要である。仕事で外に出がちな彼女たちは、分別回収日にこまめに出すことができない。

生ごみともなると夏場は2、3日経つと異臭を放ってくる。かといって生ごみを出張前に出したりすれば分別を監視する女性が、そのごみを脇によけて「あの人は規則を守らないのよ！」と言わんばかりに目立つ所に置いておく。

困ったそのライターは冷蔵庫を一つ新しく買った。その冷蔵庫は食品を入れるためのものではなく、ごみを入れておくためのものだ。

「夏場でも生ごみは冷凍しておけば大丈夫」と彼女は言った。もちろん余計に冷蔵庫を買ったり、電気代を支払ったりするのはもったいない。

第一、ごみを捨てるのにわざわざそれを冷凍しておいたり、新しく冷蔵庫を買うなどということは環境のためにも悪い。

ごみの日は厳格に決まっていて、しかも出す時間も定められている。ごみを出す時間は平日の午前7時頃から9時頃までとなっているため、ずっと家庭にいるか、朝出勤して夕方帰ってくるという人しか生活ができないようになっている。

すでに社会は多様化し、家族で暮らしていない人もいるし、老人だけの家庭も多い。また勤務が夜という人や、勤務時間が日によって変わる人もいる。こうしたごみ分別の運動はそういう人たちのことを考慮に入れていない。

おまけに、分別の盛んな名古屋市のごみ置き場には、ご丁寧に「不法投棄監視用ビデオ作動中」と書かれた看板が置かれ、その横にビデオカメラらしきものが据え付けられているところすらあった。戦時中の日本の憲兵の監視や、ナチスドイツの監視体制よりも完璧な現代日本の環境監視システムだ。

知り合いの学校の先生の住居は2LDKなので、生ごみを冷凍しておくだけの冷蔵庫を置くスペースもない。仕方がないので、生ごみを小口に分けてバッグに入れ、途中のコンビニエンスストアや大学のキャンパスに設置された学生用のごみ箱にそっと入れるようにしていたという。

ところがしばらく経つと、大学のキャンパスに設置された学生用のごみ箱には、「家庭で出たごみを入れるな。ルールを守れ」という紙が貼ってあるではないか。自分も学校の先生なので申し訳ない気がしたが、どうしようもない。ごみ箱にはわずかのごみを入れただけなのに、1カ月も経たずに張り紙が貼られる。つまり、すべて監視されているのだ。

リサイクルでごみは減らないけれど、一応ごみを減らすという建前でやっている。しかし、快適な生活をもたらす「環境」とはごみ問題だけではない。犯罪のない安全な街、お互いに監視をするようなことのないリラックスした街の雰囲気、そしてぎくしゃくせずに朗らかに暮らしていけるお隣さん――。

そんな環境こそが物質的豊かさを達成した今日の日本で望まれる「環境」ではないだろうか。

分別せずにごみを処理する方法を模索している市

九州の長崎県の海沿いに伝統のある市がある。長崎県は丘陵地帯が多く海が入り組んでいる。そのために住居は一般に坂の途中に建てられていて、家を出ると階段を上り下りしなければならない。また、なかなか広い場所を確保できないので、家の面積が一般的に狭く、特に台所は狭い。

分別回収システムが始まってから、この市の住民は不便と苦痛を強いられている。特にお年寄りが酷い目にあった。ごみを分けて狭い台所に数日置き、それを毎日、痛い膝をさすりながら坂を上り下りし分別回収所まで持っていく。

それでもお年寄りたちは分別したごみが有効に使われているのだろう、節約にもなっているだろうと信じて、毎日つらいけれど分別回収に協力している。

その市の市長は、お年寄りが一生懸命、分別したごみがただ焼却されていることを知っている。分別したごみを何か有効に使えればいいのだが、現実には使う方法がない。もちろん税金を使って無理やり何かをつくり、つじつまを合わせて「環境にやさしい市長」というイメージをつくることは可能だろう。

しかし、そこの市長はそんな人ではなかった。お年寄りがせっかく分別して苦労して運んだごみはほとんどそのまま焼却されているし、毎日膝をさすって階段を昇降させること自体も可愛そうだ。さらに台所が分別されたごみで一杯になっている事情もその市長は熟知している。

現在その市は分別する量を最小限にとどめ、何とか分別せずにごみを処理する方法を模索している。

本当は、その市は優れた焼却施設を2カ所持っており、分別せずにごみを出した方が環境には良いのだが、全国的にあれほどリサイクルを宣伝されたために、全面的に分別しないシステムに戻すことはなかなか市民感情が許さない。

社会というのは強い者のためにシステムをつくるわけではない。むしろ弱い人が楽しく生活できるような環境をつくっていくことこそ、人にやさしい環境と言えるはずだ。

環境運動が日本の火災を増加させた?

環境運動は、①声が大きいか、②利権団体か、③元気な人かでなければなかなかできないのが現状だ。弱い人やお年寄りの声はなかなか届かないし、反映されない。

もう一つの例が火災の犠牲者である。

日本は木造建築が多いこともあり、火災が多い。年間で6万件以上あり、死者は2000人を超える。今から50年ほど前は年間で僅か500人ほどだったのに、約4倍に増えている。社会は進歩しているはずなのに逆に死者は増えている。

図表4-4　アメリカ、イギリス、日本の火災による犠牲者

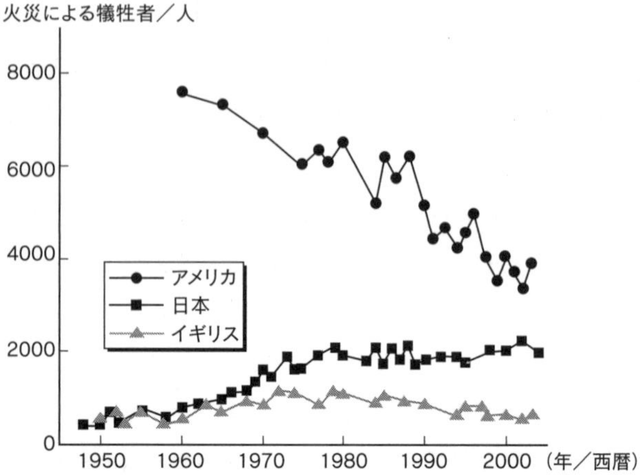

その原因は何か。

環境問題が盛んになって「塩ビ（正しくはポリ塩化ビニル）」「ハロゲン化合物」は毒性が強いということになった。ダイオキシンはハロゲン化合物の中でも特に毒性が強いと言われたが、それでもほとんど無害だった。

「塩ビ」と言われるプラスチックは他のプラスチックと比較して特に環境を汚すものではない。それなのにダイオキシンやDDTの騒ぎの中で「塩ビ」は毒物に仕立て上げられた。

そして、それまで同時に使われていたハロゲン化合物を使ってプラスチックや繊維を燃えにくくしていたハロゲン化合物も追放されたり、使うことを制限された。特に、環境に優しいことをPRして会社のイメージを上げようとしている会社が、「我

が社はハロゲンを使っていません」と宣伝し、それで点数を稼ごうとしたことも響いた。

一方、ハロゲン化合物は火災を防ぐためにはとても優れた物質である。だから塩ビの排斥運動が始まるまでは、ハロゲン化合物を使って火災を防いでいた。

現代社会での火災は家電製品などが原因になるので、家電製品には必ずハロゲン化合物が含まれ、また壁紙などのように火災時に燃えやすいものは塩ビでできていた。

それが「塩ビは環境を汚す」ということで追放され、家電製品も壁紙も繊維も燃えやすいものに代替されていった。その結果、火災は増え、あるいは火災防止の技術が進んでも燃えやすいものを使うから火災が減らないという状況に陥った。

有害でもないものを毒性があると騒いで追放し、そして火災の犠牲者を増やすということが続いているのである。

故意の誤報と間接的な殺人

筆者は材料を燃えにくくする研究会の主査をしていた。その時のことだった。京都の方の大学の先生が「材料を燃えにくくするために加えるハロゲン化合物からダイオキシンができる」との研究発表をして、それを新聞が取りあげた。

この時、新聞記者の質問に私は次のように答えた。

「発表された化合物からできるダイオキシンは自然界で直ちに分解される。だから環境は汚さない。もしこのことで新聞が騒ぎ、材料が燃えやすいものに置き換えられたら、年間およそ200人が新たに火災で犠牲になるだろう。その分は新聞に責任を取って貰いたい」

私のコメントが功を奏したのか、あるいは同じようなことを言った人が他にいたのか、結果的にはこのハロゲン化合物の報道は控えられた。

社会で有用に使われているものに濡れ衣をかぶせて追放する、そしてそれによって犠牲になる人たちがいても無視するということがまかり通っていいはずがない。

特に火災で亡くなる人は幼児と老人が多い。しかし、彼らは言葉が話せないか、あるいは発言権が小さい。いわば社会的な弱者である。社会的にもっとも強い発言権のある新聞やテレビが一面的な報道をして、それがもとで火災が増え、発言権のない幼児や老人が死んでいく。

日本が正しい知識を持ち、科学的に判断し、塩ビが環境を汚すどころか、多くの人の命を救っていることを認識すれば、火災の犠牲になる人は半減するだろう。

火災で焼け死ぬのは辛い。それ自身が無惨であるし、第一、火災のような事故で一生を終える人の無念を考えてほしい。しかし、現代の日本では故意の誤報と環境にやさしいことを標榜する企業の活動で火災の発生率が増加しているのである。

塩ビを使わず、ハロゲン化合物の使用を避ける企業は間接的な殺人をしているようなものである。

自分だけの健康が守られれば良いのか
――環境問題の孕む矛盾

塩ビに似た話で、もっと大規模なものが殺虫剤として使用されていたDDTの追放である。

人類と害虫との歴史的に長い戦いの後、20世紀になってスイスの科学者であるパウル・ヘルマン・ミュラーはDDTを発見した。彼はこの功績によりノーベル生理学・医学賞を受賞した。DDTは人間には害を及ぼさず、昆虫にだけある神経系を攻撃するものだった。それまでの殺虫剤は人間にも毒性があり、使う量に気をつけて人間に害が及ばないようにしていたが、DDTが出現するに及んで、薬害をほとんど心配せずに使えるようになった。

人間に対して安全で害虫だけ退治する薬ができたので、みんな喜びDDTを使いすぎた。特にアメリカではマイマイ蛾が大発生したこともあってヘリコプターを使って大規模にDDTを散布したので、昆虫が少なくなり、その結果として昆虫を食べる鳥の数も減った。これは大変だということになってDDTの排斥運動が起こった。

ところが、ちょうどその頃、マラリアが多い南方の国では細々とDDTを使いながらハマダラ蚊によって媒介されるマラリアの退治に乗り出していた。マラリアは体力のない子供を襲う。火災で焼け死ぬのも辛いが、マラリアで死んでいく子供たちも悲惨である。

DDTの出現はマラリア退治の救世主になるはずだった。ところが、環境運動と称してDDTの追放が始まり、先進国はDDTの生産を中止した。その結果、発展途上国ではDDTが手に入らなくなり、マラリアを媒介するハマダラ蚊は息を吹き返し、今では年間、200万を超える人がマラリアで死ぬという。

DDTが排斥されて40年になるので、全部で1億人近い人が「環境を守る」という名目の下にマラリアで死に、また現在でも死に瀕している。

そのDDTは一時期、発ガン物質であるとの指摘を受け、排斥されたが、現在の研究ではそうした発ガン性は認められないとされている。

「環境」とは自国民や自分だけの健康が守られれば良いのだろうか。

エアコンが効いた部屋の内と外にいる人の違いと同様である。エアコンを付ければどんな暑い日でも自分の部屋の中だけは涼しい。しかし、室外機からは排熱として熱風が吹き出す。それと同様に、ほとんど毒性を持たないDDTを自分の身の回りから排斥したいがために法で禁止する。世界のどこかで多くの人が死んでいっても、そこには関心が及ばない。

耐火材の排斥では幼児とお年寄りが犠牲になり、DDTの禁止では南方の国の人がマラリアで苦しんで死んでいった。幼児、お年寄り、そして南国の子供達——。どの人も力が弱く、声も小さい。ダイオキシン報道によってセベソで中絶された幼い命の声はゼロである。

第5章

環境問題を弄ぶ人たち

「環境トラウマ」に陥った日本人

現在の日本の大気は、実はかなりきれいな状態に戻っていることをご存じだろうか。

例えば、二酸化硫黄（SO_2）濃度をとってみてもほとんど5ppb以下だ。もしこれ以上下げようとするならば、中国から偏西風に乗ってくる二酸化硫黄濃度を下げなければならない。

1970年から1980年にかけて、都内各所から東京タワーの写真を撮るとだいたいぼやけた写真に仕上がった。しかし最近では、いつ都内から東京タワーの写真を撮っても、かなりクリアな写真を撮影できる。大気中の二酸化硫黄ばかりでなく、煤塵やその他空気を汚すものも少しずつ減っているためだ。

日本人の頭には水俣病や四日市喘息、東京の光化学スモッグなどといった1970年代の汚い日本のイメージがこびりつき、それがトラウマになって現在に至っている。

日本人がこうした「環境トラウマ」に陥った過程を少し詳しく整理してみたい。

図表5-1は時代と共に環境の指標がどのように変化していったかを示している。人間の活動が急激に大きくなったのは、200年前と70年前の2回である。1度目は産業革命が成功し蒸気機関が発明された時であり、2度目は第二次世界大戦の前夜に工業技術が急激に進展した時であった。

大自然は大昔から火山や生物の腐敗などで「硫黄」を空気中

図表5-1　大気の汚れは技術で克服された

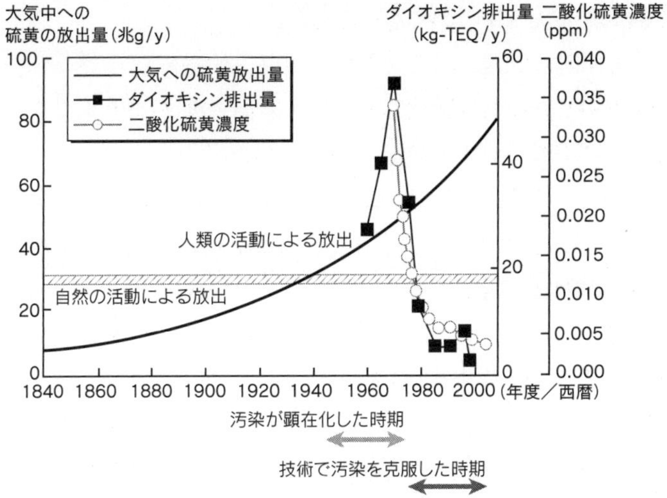

に出していた。その量はおよそ30兆グラム。これに対して150年ほど前まで、人間が出す硫黄は少なかった。

ところが、人間の活動が盛んになるにつれて石炭や石油、鉱石の製錬などで硫黄の放出量が多くなった。そして、ついに1940年以降、人間の活動によって排出する硫黄の量が、大自然から吐き出される量を上回っていくのである。

自然が自らの環境を守っているのは、原則として自然が出すものは自然が片付けるからである。しかし、自然が出す量より多くの量を人間が出せば、自然の処理能力を超えてしまう。だからこうした収支関係が1940年に逆転した結果、社会では公害が次々と起こった。

1952年にはロンドンスモッグ事件が起き、4,000人〜10,000人が死亡するという大惨事となった。

1953年には日本の水俣で初めての患者が発生した。

続いて日本では四大公害と言われる事件が起こり、世界的にも大気の汚染などが頻発した。そして1962年にレイチェル・カーソンが『沈黙の春』を世に出して「環境」は一気に社会問題化した。日本では高度成長とバブルがあったので、1990年になって環境問題が浮上する。

環境汚染に対して、国や企業も手をこまねいていたわけではない。大気の汚染を防ぐために発電所には脱硫装置を付け、廃水管理を厳重にした。次々と開発される環境技術は大気や水質を改善し、毒物の量を着実に減らしていった。

図表5-1からわかるように日本の大気中の二酸化炭素濃度やダイオキシン量は1970年代の初頭をピークとして急激に低下し、今や問題ないレベルにまでなっている。

だから、「環境が汚れた中で我々は暮らしている」という印象を抱いてしまうのは先入観であり、トラウマなのである。

しかし、現在すでに環境はきれいだとか、環境問題は解決していると言うと皆びっくりする。

現実に空気も水もきれいで、食物は新鮮だし何も問題ないではないか、あなたは現在、環境悪化によって苦しんでいるのでしょうか、と話をすると、なかなかきちんとした答えは返って来ない。これは幻想としての環境汚染というものがまだ残っている証拠である。

本当に環境が悪ければ身体の弱い乳幼児やお年寄りが真っ先に被害を受けるはずだけれど、乳幼児死亡率やお年寄りの死亡率は日本が世界でもっとも低い水準にあることは周知の事実である。このことは全体として日本の環境が非常に良い状態であることを示している。

ごみの問題では、ごみの貯蔵庫がもうすぐ満杯になるという話が1990年に盛んにされた。その時の主な話題は、あと8年後にはごみの貯蔵所が満杯になるという話だった。そうした機運が高まりリサイクルを始めたが、現実にはリサイクルをすることによってごみは増加した。しかし、貯蔵所には、まだ十分な余裕がある。

なぜならば、ごみの貯蔵所が満杯になるという試算にはある仮定があるからだ。その仮定というのは、もしごみの貯蔵所を増設できなかったらごみの貯蔵庫が満杯になるという仮定である。こんな単純な話があるだろうか。

本当の環境問題の一つは石油の枯渇

では、解決しなければならない環境問題とは本当に存在するのだろうか。私が環境は大切だと言っているのは、実は本当の環境問題がもう目の前に来ているからに他ならない。

一つは石油がなくなってしまうことだ。

そして、もう一つは社会が複雑になることによって著しく安全が脅かされるということである。

図表5-2　石油の生産量は発見量を上回っている

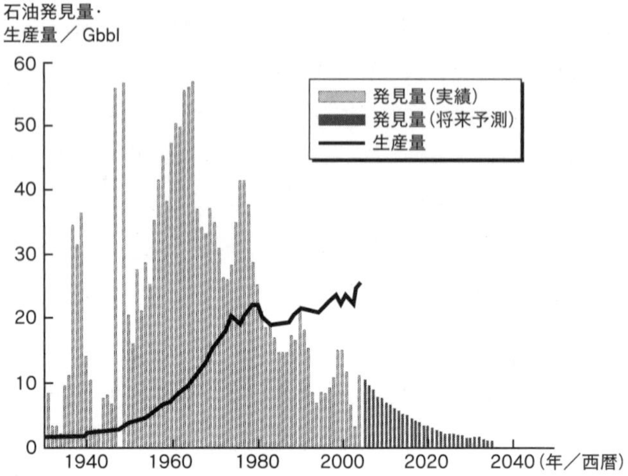

出所：C.J.Campbell,Energy Policy,34(2006)p1319-p1325

石油というのは大昔の生物の死骸から生まれ、それもある地質時代（地球誕生から人類の歴史以前の時代）に特定の場所で死亡した生物の遺骸だけに限られる。このことは石油が出てくる場所が特定されていることやその地質に特徴があることから科学的には間違いがないと考えられている。

もう一つはそのような石油のできる要因とは別に、現在までの石油の探査と新しい油田の発見との関係がある。図表5-2を見ると非常に明瞭にそれがわかる。石油は20世紀のはじめから使われており、使われるにしたがって次々と新しい油田が発見され、将来掘ることができると考えられる石油の量は増大の一途を辿った。

しかし、新たな油田は第一次石油ショックのあたりから見つからなくなり、1985年を境にして新しい油田の発見量よりも消費量の方が上回るようになったのである。

これは歴史的事実なので、覆ることはほとんどないと考えられる。結果として、2030年ぐらいには可採年数が尽き、石油が枯渇すると見られている。

石油という化石燃料は現在の文化生活に密接に結びついているため、石油がなくなれば物価が上がり、自動車は走ることができなくなり、飛行機で外国に出ることもできない。プラスチック製品がつくれないし、小さな携帯電話はこの世から消えるというように、非常に大きな変化が予想される。

1972年にアメリカのマサチューセッツ工科大学のメドウス博士は当時発達してきたスーパーコンピューターを使って地球の将来予測を行った。その結果、21世紀の中頃には石油の枯渇によって人類の文化は大きな危機を迎え、その時に世界中で約30億人が餓死するだろうと予測している。

現代農業は石油に依存しきっている

石油がなくなれば、農薬もなくなり、化学肥料もなくなってしまうため、農作物の収量は格段に下がることになる。

現在ビニールハウスで育てている作物などはほとんどつくることができなくなる。現在でも8億人の人が栄養不足の状態にあり、農作物の収量が減少すれば餓死する危険性が高い。だか

図表5-3　MITのメドウズ博士の予言

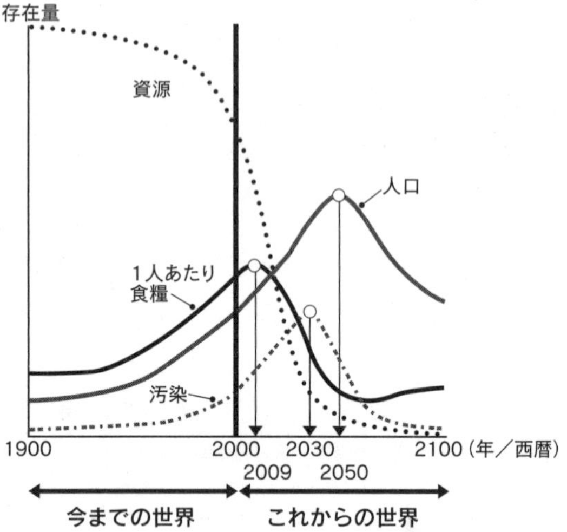

出所：Donella H.Meadows,The Limits to Growth,Universe Pub(1972)

ら、世界中で30億人ぐらいが餓死してもそれほど不思議ではない。

特に日本には石油も鉄鉱石もほとんどなく、非鉄金属（レアメタル）もない。非鉄金属というと馴染みが薄い人もいるだろうが、銅、亜鉛、すずなどのなくてはならない元素を含んでいる。このようなものがほとんどなくなるため、日本人の生活が大きく変わることは間違いない。

そこで日本にとっては、石油がないこと、石油を備蓄することができないことなどを考えて、リサイクルやダイオキシン、地球温暖化などの対策を取るよりも、石油がなくなった時に日本人の子孫が生き残れるような環境対策こそが最優先されるべきである。

石油がなくなれば地球を温暖化する手段を失う

石油がなくなるのは怖い。なにしろ30億人も餓死する危険性があるのだから、そこに至るまでにずいぶん辛い思いをするだろう。メドウス博士の警告は人類にとって今も大切なものだ。

しかし、彼の論文をつぶさに読むと反対のことも書いてある。つまり、「石油が無限にあるとさらに破壊が早くなる」というのである。

哀しいことだが現在の人間や社会は将来を見据えて自ら我慢をするということがない。自分さえ良ければ、我が国さえ繁栄すれば良いというところがある。そのような現状をそのまま地球方程式に入れて解くと、石油がなくなるより石油が無尽蔵にある方が環境破壊は早くなるというのだ。

確かに2005年から中国に代表される新興国の石油需要が急増していることなどを受けて、原油価格は高騰し、高止まりしている。

その結果、ガソリンも1リットル100円から130円まで上がった。庶民は高級乗用車を買うのを控え、燃料消費量の良い車を選ぶ傾向が見られるようになった。「環境が大切だ」「地球温暖化を防ごう」とこれほどアナウンスされても、懐にお金がある間はガソリンの消費量などあまり意識しないのが実情だ。

仕事では「二酸化炭素を放出しないように」と言っている人ほどガソリンを多く消費する自動車に乗っていたりするものである。

しかし、石油が乏しくなれば節約するようになる。そうすれば二酸化炭素の放出量も自ずから少なくなる。石油が無尽蔵にあればいくら呼びかけても節約されることはない。

発展途上国の人が「先進国の人のように贅沢な生活をしたい」と望むのも人情である。日本人や欧米人だけが裕福な消費生活を送り、二酸化炭素をふんだんに出しておきながら、アジアやアフリカの人は我慢しろというのはあまりに傲慢で身勝手である。

石油がなくなればセメントもつくれない。セメントが乏しくなればコンクリートの建物が減り、自然の環境を取り戻すことができる。環境を商売にしている人で「地球温暖化が怖い、それより石油の枯渇がさらに怖い」などと言っている人がいるが、両者は同時にはやって来ない。

石油がなくなれば人類は二酸化炭素を大量生成できなくなるので、地球を温暖化する手段を失う。今、二酸化炭素をドンドン出しているのは石油がほぼ無尽蔵に使えるからである。環境破壊の恐怖を宣伝することは良いが、相反する内容をアナウンスしてはいけない。

石油はあと少しでなくなるだろう。そして、石油をふんだんに使えば孫の代には確実に石油は採掘し尽くされ、悲惨な生活になることもわかっている。ならば、そのためには石油を使う量を減らすことだ。それぐらいは言い訳せずに子孫のためにやりたいものである。

石油を前提とした日本人の生活システム

世界地図を見ればわかるように、日本は世界でも温帯の島国という点では、非常に特殊な環境にある。

また、水道水をそのまま飲める国は世界で6カ国だけだと言われているが、比較的水が潤沢にあり、その水も硬質ではなく軟水であるという特徴がある。

火山が多かったり、地震が多かったりするが、その一方で四季の変化が明瞭なので、いろいろな作物を栽培することも可能だ。もともと日本列島は四方を海に囲まれているので生活するには大変都合がいい。

しかし、現在では石油が潤沢にあるということを前提に生活しているため、例えば家屋を建てる時でも、高気密、高断熱の密閉型住宅などを建てる傾向にある。

日本の伝統的な住宅は風通しが良く、四季折々に変化する気候をうまく活かすように設計されているため、そのような住宅を建てれば石油をあまり消費しなくて済む。しかし、現在のような密閉構造の住宅をつくっていれば、石油がなくなった時にしっぺ返しを食らうことは明白だ。

密閉型住宅はもともと北米やヨーロッパのように環境や気候が厳しいところで考えられた住宅であるため、それを安易に日本に導入することには賛成できない。

しかし、それだけではなく、都市の計画にも問題は潜んでいる。現在の日本の都市は地面をコンクリートで固めて舗装率が高い方が住環境として優れていると考えられているが、気候を安定化させるためには地面が土で木が多く、四季が感じられるような環境の方が望ましい。

雨が降った時には木によって水が吸収され、またその吸収された水が木から蒸発することによって気候は一定に保たれる。

現在のような都市構造では気温の変化が激しく、夏は暑くて冬は寒いということになるため、それを解決するために現在はクーラーをつけたり暖房をしたりするなど、石油を十分に使うことによって一定の室内温度を保ち、快適な生活を維持している。

しかし、石油がなくなればそもそも現在のような都市構造を維持することができなくなる。だからといって石油が本当になくなった時には日本には力がないため、都市構造を最適化するということもできなくなる。石油が安定的に供給され得るあと10年～20年の間に日本の家屋や日本の都市計画、そして日本人の生活システム自体を変える必要がある。

石油がなくなれば農業の生産性も著しく落ち、食糧危機へと発展する

本当の環境問題の2番目は食糧問題である。日本の食糧自給率は40％だ。しかし、これは見かけのものであり本当の自給

率ではない。

食糧自給率が問題になるのは外国から食料が買えなくなった時で、現在のように自由に食料が買える時には食糧自給率の数字などはあまり問題にはならない。

現在の日本が自由に食料を得ることができるのは、いわば自動車や家電製品を外国に輸出し、そこで得た外貨で食糧を外国から買っているからである。だから、仮に石油がなくなって自動車や家電製品を外国に輸出する力がなくなれば、それと同時に食糧を得ることもできなくなる。

現在、日本の畑で多くの食料が取れるのは、石油をふんだんに使いビニールハウスをつくり、化学肥料を使い、さらに農薬で害虫を退治することができるからだ。またトラクターやその他の機械を駆使して農業の生産性を上げる方法もとられている。石油がなくなるということは、このようなことが全て同時にできなくなることであり、日本の畑の農業生産高はかなり低くなるだろう。

石油がなくなった時の日本の食糧自給率を計算してみると、石油を使って農業の効率を高くすることができなくなるので、食糧自給率は40％から25％程度に減る見込みである。食糧自給率というのは、石油がなくなって日本の工業が衰退する時こそ重要なのだが、日本の食糧自給率はその際に実質25％程度だというのだ。

恐ろしいことである。

人間は食べなければ生きていけない。その食糧自給率が必要

図表5-4　各国の食糧自給率

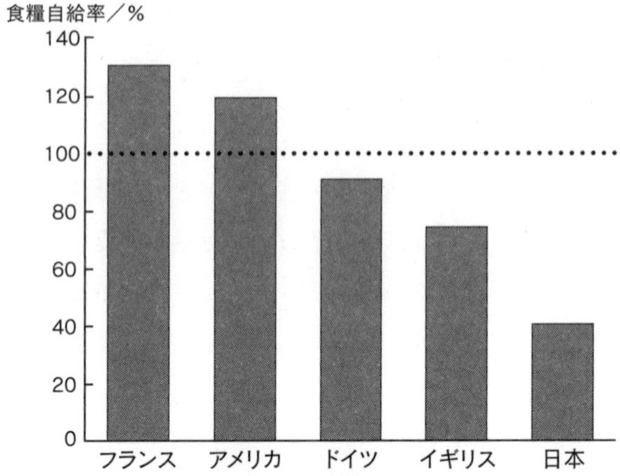

出所：農林水産省総合食料局食料企画課、我が国の食料自給率とその向上に向けて―食料自給率レポート―（2006）

な量のうち4分の1であるというのだから、石油がなくなればたちまち日本人は飢え死にする者が続出する可能性もある。

先進国でこんなに酷い国はない。図表5-4を見ればわかるように、アメリカやフランスなどはもともと農業が強いから食糧自給率は非常に高い。

また、畜産が盛んで、農業をあまり得意としていないイギリスでは、食糧自給率は100％ではないが、穀類の自給率は100％を超えている。

食糧自給率でより重要なのは、肉類ではなく穀類である。

そのことを考えてイギリスは穀類の自給率は国策として100％以上を維持している。そうした中で、国際的に食糧自給率が決定的に不足している先進国はどこかと探すならば、それは日本だけと言っても過言ではない。

農業の衰退と自国で生産されたものを食べないことによる弊害

日本人がこれほど食糧自給率に対して関心や自覚がないというのは驚くべきことで、それは高度成長期に工業を重視していた日本の習慣がすっかり定着してしまったことの裏返しだ。高度成長期に工業が飛躍的に発展し、工業に従事する人たちの方が農業をやる人たちよりもより豊かな生活が送れるようになった。

それに加えて東京のオフィスに勤務するホワイトカラーの人たちの待遇はさらに良いものになった。こうしたことが農業従事者の数を減らし、若い人が農業に魅力を感じられなくなった第一の要因だ。

その後、農薬問題や、日本の農政が右や左へとぶれたこともあって、農業はすっかりその魅力を失っている。

その証拠の一つに、食糧自給率とともに農業に従事する人たちの平均年齢の高さが挙げられる。次の図表5-5は日本、フランス、イギリスで農業に従事する人たちの年齢構成の割合を示している。

日本では農業従事者における65歳以上の比率が5割を超える結果だが、これは他の産業ではすでに定年に達している歳である。農業には定年がないのでピークが65歳以上になっているが、これは実態として若い人には、ほとんど農業に従事する人

図表5-5　各国の農業従事者の平均年齢

	日本	フランス	イギリス
35歳未満	2.9	28.2	31.7
35-44歳	7.1	28.3	22.2
45-54歳	14.6	26.8	22.0
55-64歳	24.2	12.7	16.3
65歳以上	51.2	3.9	7.8

がいないからである。

これに対して、先進国との比較をすると、多くの先進国は農業従事者が30歳の後半から50歳ぐらいにかけて多く働いており、他の産業の年齢分布とあまり大きくは変わっていない。食糧自給率といい、農業に従事する人たちの年齢分布といい、日本の農業が相当に危機的な状況になっていることがはっきりわかる。

先ほど石油が十分にあり日本の工業が盛んでそれを輸出して外貨を稼ぎ、外国から食料を輸入できる状況下では食糧自給率はあまり問題にならないと書いた。確かに、自動車を生産して食糧を買うことができるという状態が永久に続くならば、生存するためのカロリーを確保するという意味では食料を自給しなくても済むかもしれない。しかし、人間の体と食糧の関係はそれほど単純なものではない。

身土不二的な暮らしの大切さ

食料は単に生きるためのカロリーを確保する物質というより

も、むしろ人間の体の調子を整え快適な生活をするためにある。

日本で採れる食料が日本人に与える影響と外国で採れる食料が日本人に与える影響とは厳密には異なっている。

例えば、水銀を含む魚は日本近海に多い。これは日本近海で海底火山が多く、その火山から吹き出す水銀が魚の体に微量ながらも蓄積するからである。

水銀は毒だと言われているが、日本人は太古の昔から水銀を含む魚を食べている。しかし、海底に火山が少ない地域では、そこの人間にとって水銀は体に悪いものなのかもしれない。

「身土不二」という言葉があるが、これは自分の足で歩ける3里～4里範囲の地域の食材を食べることがもっとも健康に良いということを表している。

このように、食料とはそこに生きる人たちとの関係で存在するものだから、なおさら食糧自給率が大切なのである。

現在、日本の食糧自給率が非常に低いということは日本人が自国の風土以外のところで採れる食料を食べていることを意味する。それは免疫疾患とか重金属の不足による疾病などが起こりやすい環境にあることを示唆している。

巷の環境問題では非常にわずかな発ガン性などを問題視して大騒ぎするが、外国産の食料を食べ続ける環境はむしろもっと大きな根本的な問題である。人間にとって空気、水、食料は毎日、体に入るものだから環境中の環境だと言える。

まず日本の農業環境を改善することが喫緊の課題である。

日本の農業は耕地面積が小さいので不利などとよく言われるが決してそうではない。日本の気候は四季折々であり、水も豊富である。それらを巧みに活用することによって外国並みの食料生産性を上げることができる。大規模農業でヘリコプターを使って農薬を撒くというような方式は、日本では特に適当でないとされる。

工業収益の一部を農業や漁業に還流すべき

ただ、金銭面で日本の工業は農業の手助けをしなければならない。

というのも、日本の工業が世界の市場で優秀な成績を上げることができるのは、農業が農作物をつくり、漁業が魚を供給するからである。そして、農業や漁業の盛んな場所は工業への人材の供給基地にもなってきた。だから、工業の収益の一部を農業や漁業に還流するというシステムをつくれば、環境を改善するための力になる。

リサイクルやダイオキシン、また地球温暖化対策などは環境問題のように言われているが実際には環境にほとんど影響がない、もしくは環境を悪くしさえもする。

これらに政治の力を発揮するのではなく、食糧のように日本人の体に直接入り栄養になるものこそ環境問題として本来扱うべきであり、最も重要な問題として改善策が求められているのだ。

石油が枯渇すれば地球温暖化は自動的に解消する

一口に「環境」と言っても多様なニュアンスがあり、奥が深い。

何を「環境」というかは人によって違い、例えばごみが少なくなれば環境に良いという人もいるし、少しでも自分の体を悪くする影響があるものは環境に悪いと考えている人もいる。

それぞれ環境に対する捉え方はさまざまだが、一番大切な「環境が命を守る」ということについて異論はあまりないだろう。そう考えれば、石油がなくなって30億人が餓死するという事態が一番憂慮されるべき環境破壊である。そして、石油がなくなるに伴い日本のように食糧自給率の低い国の人が餓死することが予想される。

そこで、石油がなくなることに対して予め対策を練っておく、また食糧自給率を上げておくということが現在の日本では最優先されるべき環境問題である。

地球温暖化は重要な環境問題かもしれないが、地球温暖化の主な要因が二酸化炭素であるとするならば、二酸化炭素を出す原料は石油である。従って、石油が枯渇すれば地球温暖化は自動的に解消する。

繰り返しになるが、その意味で、石油の枯渇と地球温暖化はどちらも環境問題として重要であるが、双方が同時に起こることはない。危機を煽る人たちは、ある時は地球温暖化が危ないと言い、ある時には石油が枯渇すると脅かす。

しかし、石油が枯渇してくると食料がなくなったり、暖房を使うことができなくなるが、二酸化炭素を出すこともないので温暖化は自然と抑制される。反対に温暖化するということは石油が十分にある状態なので、使用を抑制するなど対策自体は本来取りやすい。

人間から運動能力や感性を奪っていく「廃人工学」

命の次に大切なのはそれを支える自分の体の健康であろう。その一つの解決策は食糧自給率を高くして国内で採れる食料を日本人が食べられるようにするということである。そして、もう一つは体をできるだけ動かすことである。

どんなに科学が発達しても人間の体は動物である。動かさないと鈍っていく。筋肉が衰えるだけではなく、細菌にも弱くなる。

しかし、現代の文明は私たちから運動能力を奪う。

例えば、アクチュエーターとモーターの組み合わせで腕の力を使わなくても生活できるようになってきた。自動車の窓がボタン一つで開くようになり、さらに最近ではドアにもモーターが付いていて、少し触れば自動的に開くという車も珍しくはなくなった。

このような生活では人間の腕の筋肉は不要になる。エレベーターやエスカレーターが発達し、階段を登る機会が少なくなった。本来は足が弱い人のために設置されているのだが、多くの人は階段を利用せずにエスカレーターやエレベーターを使う。そして、次第に足の筋肉も奪われていく。

人間は動物だから使わなければ機能が後退し、リストラされていく。筋肉が細くなり、骨も必要ないので尿からカルシウムが逃げる。現代の自動車やエスカレーターは人間の移動を容易にするが、同時に人間から運動を奪い、健康体ではなくしていく。

これを私は「廃人工学」と呼んでいる。

最近はパソコンやインターネットが発達してきた。それ自体は生活を便利にし、膨大な情報が得られるようになる。しかし、漢字は書かずとも全部パソコンが変換してくれるので漢字の書き方を正確に覚える必要はないし、計算もしてくれるので2ケタのかけ算の暗算などは面倒になってくる。

このような状態が続くと人間の頭脳は活動が低下するので、感動したり深く考える喜びが徐々に得られなくなっていく。

実際、音楽を聞いた時に深く感激したり涙を流したりする場面がめっきり減ったように思う。コンサートの拍手も実に形式的である。寿命が長くなり、人は数量的には多くの時間を生きることができるようになった。しかし、その実、ノルマに追われるだけで中身がない時間を過ごすことになりつつある。

根源的な意味での現代の環境破壊とは何か

かつて私はそうした状態を漫画の上手い学生に描いてもらっ

たことがある。

その絵に描かれた未来の人間の腕は、筋肉を使う必要がないために細く、足も歩行に耐えられない。思考や決定は全部頭に直結したコンピューターがやってくれるし、危険がないので心の勇気も失った。現代人がそういった存在になりつつあると思って描いてもらったが、それを見ていたら、将来の人間ではなく現在の自分をも暗示していることに気がついた。

自著に『日本社会を不幸にするエコロジー幻想』(青春出版社)という本があるが、現代の人間が科学の働きで、次第に人間の機能を失い、感動する心を失っていく様を描いた。

例えば、戦争がなくなるということは良いことだが、危険や戦争がなくなると究極的な勇気を持って立ち向かう場面が少なくなり、むしろ身内で弱いものを苛める場面が増えることがある。

せっかくごみが少なくなり空気がきれいになっても人は満足な人生を送れなくなるだろう。だから、一人の人間としては歩いて移動する必要があったり、多少は苦労がつきまとうような環境の方がむしろ望ましい。

エアコンの性能が上がり温度が均一になれば、人間の身体は次第に体温調節の機能を失っていく。急激な寒さや暑さは人間に打撃を与えるが、それに耐えられる力が危機的な状況でも自分を救う。

放射線は危険だが、通常量の放射線で人間の細胞にガンをつくることは難しい。下等な動物では放射線で発ガンさせることは容易だが、人間の細胞はなかなか発ガンしない。それは人間の細胞の防御機能が発達し、優れているからである。それを大事にしなければならない。

鳥インフルエンザなどの新しいウィルスが出現しても人間の優れた抵抗力があれば乗り越えていける。しかし、毎日の生活があまりにも衛生的過ぎて抵抗力を失えば、ひとたまりもないだろう。

鳥インフルエンザにしても狂牛病にしても、なぜこれほど急激に奇妙な病気が流行るのかをよく考える必要がある。表面的な対症療法的な対策を考えるのではなく、もっと根本的な意味での現代の環境破壊に注目していくことが必要ではないか。

安全神話の崩壊と体感治安の悪化

もう一つの問題は「安全」に関する問題である。現在、環境を論じる際に、そこには治安や安全という要素が入っていないけれど、安心や安全は非常に重要な環境問題である。

例えば、夜11時以降女性が一人で外出すると襲われる確率の高い地域、家に厳重な鍵をかけておかないと泥棒が入る危険性の高い街など、そういった危険にさらされ、体感治安も悪化している生活がいい環境と言えないことは確かである。

しかし、冷静に考えてみれば、我々は大気や水の汚染から重大な悪影響を受けるよりも、傷害事件に巻き込まれたり家に泥棒が入ったりする危険性の方が高い社会に住んでいる。

もともと日本の社会というのは基本的に安全で、日本の家屋はあまり鍵をかける習慣がなかった。それはなぜかというと、日本人には基本的な公共心や道徳があったからである。

古来の日本には、してはいけないことはしないという非常に強い道徳心が息づいていた。例えば、他人のお金を取ってはいけない、他人の家に勝手に入ってはいけない、他人のものを欲しがってはいけないというような道徳を子供の頃に叱られながら教わったために、日本の子供は食べるものがひもじくても、他人のものを取らないという基本的な道徳が身に付いていたのである。

こうした道徳観や公共心が社会的に共有されているはずだという幻想は、日本人が海外に行った時に思わぬ被害を受ける原因の一つにもなった。

日本人は、子供は純真無垢で悪いことをしないと考えているため、外国に旅をして周りに子供たちが集まってくると、かわいがることが多かった。ところが、その子供たちの中には日本人のお金を狙って来ていたりする者もいた。酷い時にはアイスクリームを洋服に付けて、そちらに気をとられているうちに財布をすられるというような事件すら起こった。

日本は、このように世界でもある種特異な国である。これは、私が日本人で日本びいきだから言っているわけではなく、図表5-6に示す統計によっても知ることができる。先進国や発展途上国など世界中のすべての国を合わせても10万人当たりの殺人発生率や窃盗率を数字で比較した場合、日本は世界でも最低

図表5-6　各国の殺人発生率（10万人当たり）

国名	年	人口	殺人発生率
南アフリカ	95	41,465,000	75.30
コロンビア	96	37,500,000	64.60
ブラジル	93	160,737,000	19.04
メキシコ	94	90,011,259	17.58
フィリピン	96	72,000,000	16.20
台湾	96	21,979,444	8.12
アメリカ	97	257,783,004	6.80
アルゼンチン	94	34,179,000	4.51
ハンガリー	94	10,245,677	3.53
フィンランド	94	5,088,333	3.24
ポルトガル	94	5,138,600	2.98
モーリシャス諸島	93	1,062,810	2.35
イスラエル	93	5,261,700	2.32
イタリア	92	56,764,854	2.25
スコットランド	94	5,132,400	2.24
カナダ	92	28,120,065	2.16
オーストラリア	94	17,838,401	1.86
シンガポール	94	2,930,200	1.71
韓国	94	44,453,179	1.62
ニュージーランド	93	3,458,850	1.47
ベルギー	90	9,967,387	1.41
イギリス	92	51,429,000	1.41
スイス	94	7,021,000	1.32
スウェーデン	93	8,718,571	1.30
デンマーク	93	5,189,378	1.21
オーストリア	94	8,029,717	1.17
ドイツ	94	81,338,093	1.17
ギリシア	94	10,426,289	1.14
フランス	94	57,915,450	1.12
オランダ	94	15,382,830	1.11
クウェート	95	1,684,529	1.01
ノルウェー	93	4,324,815	0.97
スペイン	93	39,086,079	0.95
日本	94	124,069,000	0.62

出所：United Nations,Office on Drugs and Crime,The sixth Unites Nations Survey on Crime Trends and the Operations of Criminal Justice System

図表5-7　10年前より安全な国ではなくなったと答えた人の割合

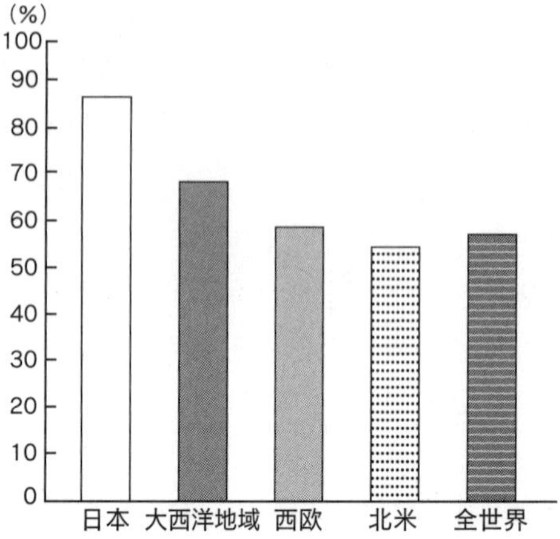

レベルになっている。

最低レベルというのはこの場合、非常に犯罪が少ないという意味なので、非常に安全な国であることがわかる。日本のように高度に経済が発達した国では、窃盗なども増えて危険になるのが普通であるが、日本は非常に素朴な国と比べても犯罪は少ないのである。

日本が安全な国だという事実、これによって、日本人はかなり大きなメリットを受けてきた。それほど素晴らしい環境だったのである。家には鍵をかけなくても心配ないし、物置きには鍵が付いていない。女性が夜に出歩いてもそれ程危険ではない。

それどころか、江戸時代では女性が外で風呂に入っていても男性は遠慮をしてそれをあまり見ないようにするという風習だったという。

こういった状況は、現代になって大きく変わり、日常的にも防犯に気を遣い、家の鍵を二重、三重にかけた上で、警備会社にオンラインで警備してもらわなければならないような状態に陥っている。

図表5-7のように、日本では10年前より安全な国ではなくなったと考えている人の比率が85％を越えており、世界平均と比べてもそうした不安は非常に高い。

失われつつある日本人の美点

この本の第1章に書いたように、ペットボトルのリサイクルは環境を悪くすることはあっても改善するものではない。

また、毒物として恐れられているダイオキシンも大騒ぎするような猛毒ではない。このように現在、主に認識されている環境問題は環境を良くするより逆に悪くしていくものが多い。

しかし、ペットボトルをリサイクルしてごみが増えても、ダイオキシンを恐れて税金を使い過剰な焼却炉をつくっても、せいぜいお金を損するぐらいのことである。

ただそれが発展して、不法投棄などを抑える目的で市民の相互監視制度ができつつある。このようなことになると日本古来の美しい心の環境がたちどころに失われかねない。

図表5-8は10年ほど前に日本とアメリカ、中国の高校生に対

図表5-8　高校生の倫理観

	各項目を良しとした生徒		
	%		
	日本	米国	中国
先生に反抗する	70.1	15.8	18.8
親に反抗する	84.7	16.1	14.7
学校をずる休みすること	65.2	21.5	9.5
売春など性を売りにすること	25.3	―	2.5
パソコンで性的画面を見ること	70.1	―	6.1

出所：日本青少年研究所、ポケベル等通信媒体調査（1996）

してその価値観や基準についてアンケートした結果である。

この表のパーセンテージは高校生がアンケートの質問に対して「良いことだ」と答えた割合である。まず「先生に反抗することは良いことか？」という質問に対してアメリカや中国の高校生は5分の4が悪いことだと答えている。

ところが、日本の高校生は7割が「先生に反抗することは良いことだ」と答えた。また「親に反抗することは良いことか？」という問いにはアメリカと中国の高校生は「悪いこと」としているが、日本は8割以上が「良いこと」と答えている。

次に、授業をサボることが良いことかという質問に対しても、日本の高校生の実に6割が良いと答える。さらに性的なことでは、売春や性的表現に対しても、日本の高校生だけが突出して「良い」と答える率が高い。

この調査では質問の仕方が果たして日米中の間で同条件であったか疑問は残るが、こうした高校生が大人になった時にどのような社会環境が生まれるだろうか。これまでのように犯罪が少なく、思いやりの深い日本の社会というものが期待できないことは明らかであり、かつてのアメリカ以上に殺伐とした社会になるだろう。

日本の一部地域ではまだこのように頽廃した状態になっていない所も見られる。そこでは学校の先生は尊敬され、学問は大切にされる。開国したばかりの日本が、当時の大英帝国に勝る識字率を誇ったのも、江戸時代から庶民の教育を重要視し、学問を大切にすることによって立派な人間を育てるという認識が浸透していたからである。

古くさいと思われるかもしれないが、私はそんな日本が好きだ。そして、そうした環境こそ私が守りたいものである。

おわりに

筆者はこの本を書くにあたって、リサイクルで儲けている人、ダイオキシンが大げさな毒物でもないのに猛毒だと言って利益を受けている人、そして地球温暖化もそのこと自体を自分の出世の道具にしている人たちを糾弾してきた。

しかし、人を糾弾するということはあまり良いことではない。できれば、穏やかに話したい。筆者が「糾弾」し、怒りをあらわにする方法をとったのはそこにこそ環境を壊す問題があり、日本の伝統的文化を根こそぎ破壊する危険が迫っていると考えるからに他ならない。

現在の環境問題の論議の多くは、残念ながらウソをついて人の隙を狙うことによって成功するということを認める社会をつくることに役立っている。

かつての日本、礼儀正しい文化を持っていた日本には汚いことはやってはいけないという不文律と公共心があった。誠実が第一だったのである。

今からでも遅くない。リサイクルやダイオキシン、地球温暖化対策といったことを論議して、環境問題を真剣に考えている気になるのはもう止めよう。もっと心豊かで平和であり、真面目に着実に働く人が尊敬される牧歌的でシンプルな社会をもう一度つくり直すということに中心をおいた方が余程、環境問題に向き合うことになると思う。

その意味では環境問題は非常に重要で、とても遊んでいられるような状態ではない。

最後に本書を出版するに当たって研究を助けてくれた石川朝之君、松本貴仁君、丸山宣広君、那須昭子さん、大場大司君、坂本健太郎君に感謝の意を表する。

[執筆者略歴]

武田邦彦（たけだ・くにひこ）

1943年東京都生まれ。東京大学教養学部卒業。名古屋大学大学院教授を経て、現在、中部大学総合工学研究所教授。ほかに多摩美術大学非常勤講師を併任。日本工学アカデミー理事。内閣府原子力安全委員会専門委員。文部科学省科学技術審議会専門委員。著書に『分離のしくみ』（共立出版）、『リサイクル幻想』（文春新書）、『「リサイクル」してはいけない』（青春出版社）、『二つの環境』（大日本図書）などがある。『エコロジー幻想』（青春出版社）の一部は高等学校の国語教科書『新編現代文』（第一学習社）に収録されている。

Yosensha
Paperbacks
YP
024

環境問題はなぜウソがまかり通るのか
The Lie of an Environmental Problem

2007年3月12日初版発行
2007年5月24日第6刷発行

著者――――武田邦彦©2007

発行者―――石井慎二

発行所―――株式会社 洋泉社
［住所］〒101－0054東京都千代田区神田錦町1－7
［電話］03－5259－0251
［郵便振替］00190－2－142410 (株)洋泉社
［URL］http://www.yosensha.co.jp

本文組版―――米山雄基

装丁――――中山デザイン事務所

表紙写真―――Digital Vision/Aflo

提供写真―――共同通信社・時事通信社・読売新聞社

印刷・製本―――中央精版印刷株式会社

乱丁・落丁本はご面倒ながら小社営業部宛ご送付ください。
送料小社負担にてお取替致します。
ISBN978-4-86248-122-1
Printed in Japan

About Yosensha Paperbacks

洋泉社ペーパーバックスには、以下のような3つの特徴があります。

1　同時代の最も熱いテーマをいち早く取り上げます。
政治・国際問題からビジネス、宗教、アンダーグラウンドな世界まで、体験・現場主義に貫かれた取材でお届けします。

2　既成概念を疑います。
ドッグイヤーと呼ばれるほどに変化のスピードが速い高度情報化社会においては、これまで常識とされていたことが一夜にして非常識となることもしばしば起こります。既成概念に囚われることなく、既存の定説・常識に挑んでいきます。

3　タブーに挑戦します。
平成ニッポンといえどもタブーはまだまだ存在します。差別、暴力、国家権力……。たとえば、新聞、雑誌、テレビなどの大手マスコミでは、広告クライアントへの配慮からその企業に関連するネガティブな情報を入手していても報道しないこともままあります。当シリーズではそうしたタブーに屈することなく、手頃な価格でいつでもどこでも読めるペーパーバックスをお届けします。